西南交通大学"323实验室工程"系列教材

数字电子技术实验教程

主编 杨小雪

主审 西南交通大学实验室及设备管理处

西南交通大学出版社
·成都·

内容简介

全书共有 6 章,第 1 章介绍数字电子技术基本知识;第 2 章数字电路基本实验,实验项目有通用数字器件、脉冲电路、D/A 转换器、A/D 转换器;第 3 章、第 4 章介绍可编程逻辑器件应用必需的入门级基础知识:Quartus Ⅱ 工具软件和 Verilog HDL 硬件描述语言;第 5 章为可编程逻辑实验;第 6 章为数字系统综合实验,可供综合性实验和电子技术课程设计选题使用。

本书具有电子设计自动化(EDA)特点,实验项目分三个层次:基础实验、可编程逻辑基础实验及数字系统综合实验,可以满足不同学习阶段及因材施教的教学需要。

本书可作为高等院校电子类、电气类专业及其他相近专业本科生教材,也可供成人教育或有关工程技术人员参考。

- -

图书在版编目(C I P)数据

数字电子技术实验教程 / 杨小雪主编. —成都:
西南交通大学出版社,2011.8(2022.9 重印)
西南交通大学"323 实验室工程"系列教材
ISBN 978-7-5643-1329-6

Ⅰ. ①数… Ⅱ. ①杨… Ⅲ. ①数字电路-电子技术-实验-高等学校-教材 Ⅳ. ①TN79-33

中国版本图书馆 CIP 数据核字(2011)第 162209 号

- -

西南交通大学"323 实验室工程"系列教材

数字电子技术实验教程

主编 杨小雪

＊

责任编辑 黄淑文
封面设计 本格设计
西南交通大学出版社出版发行
四川省成都市金牛区二环路北一段 111 号西南交通大学创新大厦 21 楼
邮政编码:610031 发行部电话:028-87600564
http://www.xnjdcbs.com
四川森林印务有限责任公司印刷

＊

成品尺寸:185 mm×260 mm 印张:11.875
字数:295 千字
2011 年 8 月第 1 版 2022 年 9 月第 6 次印刷
ISBN 978-7-5643-1329-6
定价:28.00 元

前　　言

随着集成电路和计算机软件技术的发展，数字化电子系统的理论、技术和电路发生了巨大的变化，这对数字电子技术实验课程提出了更高的要求，需要不断地更新课程内容。本书遵从教学循序渐进规律及满足可编程逻辑器件广泛普及的应用需要，在保证数字电路基本测试技术训练的前提下，加强了可编程逻辑器件应用的基础知识，以通俗易懂的实例的方式介绍电子设计自动化（EDA）工具软件 Quartus Ⅱ 和国际通用的硬件描述语言 Verilog HDL，通过可编程逻辑实验的实践，让学生掌握高效地实现数字硬件电路的技术和方法。

全书共分三部分：

第一部分——数字电子技术基础知识与实验，由第 1 章数字电子技术基本知识和第 2 章数字电路基本实验组成。第 1 章简介数字器件与数字电路的基本测试方法；第 2 章基本实验中主要采用通用 SSI、MSI 器件，通过设计数字电路的底层实验，掌握基本的实验方法和技能，培养观察和分析实验现象的能力，为进行更高层次的实验打下基础。同时在各个实验项目中还设有提高性实验，读者可以采用小规模的可编程器件实现数字电路基本实验，供学有余力的学生课内实验选做。

第二部分——可编程逻辑器件应用基础知识和大规模可编程逻辑实验，由第 3 章、第 4 章和第 5 章组成，是本书的主要实验教学类型。第 3 章和第 4 章是可编程逻辑器件应用必需的入门级基础知识，介绍 Quartus Ⅱ 工具软件和 Verilog HDL 的一些实用句法；第 5 章是可编程逻辑实验，实验题目类型多样化，设计方式软件化，适合课外设计、课内通电测试的教学方式，有利于提高实验效率和培养自主学习的能力。

第三部分——数字系统综合实验，包括第 6 章的内容，可供数字系统课题和电子技术课程设计选题使用。

本书具有电子设计自动化（EDA）特点，实验项目分三个层次：基础实验、可编程逻辑基础实验及数字系统综合实验，可以满足不同学习阶段及因材施教的教学需要。

本书编写工作的教师分工如下：第 1 章由史燕独立完成；第 2、3、4 章由杨小雪独立完成；第 5、6 章由杨小雪和史燕共同完成；附录由龙文杰、史燕、杨小雪共同完成。全书由杨小雪负责协调和统稿。

由于时间仓促且作者水平有限，书中不妥之处恳请读者指正。

编　者

2011 年 5 月

目　录

第1章 数字电子技术基本知识

1.1 概　述

数字电路是一门实践性很强的课程，具有工程特点。一个实际的工程问题往往比较复杂，涉及器件、工艺、电路、环境等诸多实际因素，这使得一些实验现象和结果与书本上所介绍的存在一定的差别。分析实验中出现的现象、解决出现的问题，不但需要扎实的理论基础，更需要在实践中积累起来的经验和实验能力。数字电路实验有助于培养学生的工程实践素质以及解决实际问题的能力。

1.1.1　数字集成电路的分类

1. 根据集成电路规模的大小进行分类

根据集成电路规模的大小，通常将其分为小规模集成电路（Small Scale Integration，SSI）、中规模集成电路（Medium Scale Integration，MSI）、大规模集成电路（Large Scale Integration，LSI）、超大规模集成电路（Very Large Scale Integration，VLSI）。分类的依据是一片集成电路芯片上包含的逻辑门个数或元件个数。

SSI 通常指含逻辑门数小于 10 门（或含元件数小于 100 个）的电路。MSI 通常指含逻辑门数为 10~99 门（或含元件数 100~999 个）的电路。LSI 通常指含逻辑门数为 100~9 999 门（或含元件数 1 000~99 999 个）的电路。VLSI 通常指含逻辑门数大于 10 000 门（或含元件数大于 100 000 个）的电路。逻辑门和触发器属于小规模集成电路。

2. 根据所采用的半导体器件进行分类

根据所采用的半导体器件进行分类，数字集成电路可以分为双极型集成电路和单极型集成电路两大类。

（1）双极型集成电路采用双极型半导体器件作为元件。其主要特点是：速度快、负载能力强，但功耗较大、集成度较低。

双极型集成电路又可分为 TTL（Transistor Transistor Logic）电路、ECL（Emitter Coupled Logic）电路和 I^2L（Integrated Injection Logic）电路等类型。

TTL 电路的"性能价格比"最佳，应用最广泛。TTL 型集成电路有多种系列，所有的 TTL 系列都是兼容的，它们用同样的电源电压和逻辑电平，但在速度、功耗和价格上各有优点。

- 74-系列：这是早期的产品，现仍在使用，但正逐渐被淘汰。
- 74H-系列：这是 74-系列的改进型，属于高速 TTL 产品。"与非门"的平均传输时间达 10 ns 左右，但电路的静态功耗较大，目前该系列产品使用越来越少。

- 74S-系列：这是 TTL 的高速型肖特基系列。在该系列中，采用了抗饱和肖特基二极管，速度较高，但品种较少。

- 74LS-系列：这是当前 TTL 类型中的主要产品系列。品种和生产厂家都非常多。性能价格比比较高，目前在中小规模电路中应用非常普遍。

- 74ALS-系列：这是"先进的低功耗肖特基"系列。属于 74LS-系列的后继产品，速度（典型值为 4 ns）、功耗（典型值为 1 mW）等方面都有较大的改进，但价格比较高。

- 74AS-系列：这是 74S-系列的后继产品，尤其速度（典型值为 1.5 ns）有显著的提高，称"先进超高速肖特基"系列。

（2）单极型集成电路（又称为 MOS 集成电路）：采用金属-氧化物半导体场效应管（Metel Oxide Semi-conductor Field Effect Transistor，MOSFET）作为元件。其主要特点是结构简单、制造方便、集成度高、功耗低，但速度较慢。

MOS 集成电路又可分为 PMOS（P-channel Metel Oxide Semiconductor）、NMOS（N-channel Metel Oxide Semiconductor）和 CMOS（Complement Metal Oxide Semiconductor）等类型。

CMOS 电路应用较普遍，因为它不但适用于通用逻辑电路的设计，而且综合性能最好。其主要系列有：

- 标准型 4000B/4500B 系列：这是第一个商业上成功的 CMOS 系列。尽管 4000 系列电路有功耗低的优点，但它们的速度也低，目前正被能力更强的 CMOS 系列所代替。

- 74HC 和 HCT-系列：HC（高速 CMOS，High-speed CMOS）和 HCT（高速 CMOS，TTL 兼容，High-speed CMOS，TTL compatible）系列具有与 74LS-系列同等的工作速度且功耗低。74HCxxx 是 74LSxxx 同序号的翻版，型号最后几位数字相同，表示电路的逻辑功能、管脚排列完全兼容，为用 74HC 替代 74LS 提供了方便。HCT 供电电压 V_{CC} 为 5 V，HC 供电范围 V_{CC} 为 2～6 V。

- 74AC-系列：该系列又称"先进的 CMOS 集成电路"，54/74AC 系列具有与 74AS 系列等同的工作速度，且功耗低、电源电压范围宽。

数字集成电路的产品型号的前缀为公司代号，如 MC、CD、uPD、HFE 分别代表摩托罗拉半导体（MOTOROLA）、美国无线电（RCA）、日本电气（NEC）、飞利浦等公司。一般产品型号的中间数字相同的产品均可互换，但如果电路对元件要求比较严格，就要对厂家提供的资料进行分析再作决定。

1.1.2　数字设计的软件技术

过去的数字设计并不需要涉及软件工具，有一个原始的工具足矣。然而今天，软件工具却成为数字设计的重要组成部分，在过去几年间，硬件描述语言（HDL）的可用性和实践性，以及随之而来的电路模拟和综合工具，已经完全改变了数字设计的整个面貌。

1.1.3　可编程逻辑器件

早期的可编程逻辑器件只有可编程只读存储器（PROM）、紫外线可擦除只读存储器

（EPROM）和电可擦除（EEPROM）三种。由于结构限制，它们只能完成功能简单的数字逻辑功能。其后，出现了一类结构上稍复杂的可编程芯片，即可编程逻辑器件（PLD），它能够完成各种数字逻辑功能。典型的 PLD 由一个"与"门和一个"或"门阵列组成，而任意一个组合逻辑都可以用"与-或"表达式来描述，所以 PLD 能以"乘积和"的形式完成大量组合逻辑功能。这一阶段的产品主要是 GAL（通用阵列逻辑），且至今仍有许多人使用 GAL。这些早期 PLD 器件的一个共同特点是可以实现速度特性较好的逻辑功能，但其过于简单的结构也使它们只能实现较小规模的电路。

由于技术原因，PLD 的两级"与-或"结构不能扩展到更大的规模，因此人们又发明了复杂 PLD（compledPLD，CPLD）来完成所需要的扩展。CPLD 是处于同一个芯片上的多个 PLD 及其互连结构的集合，除了单个 PLD 可以编程外，芯片上的互连结构也是可以编程的，从而丰富了设计能力。

现场可编程逻辑门阵列（field-programmable gatearray，FPGA），采用与 CPLD 不同的方法来扩展可编程逻辑芯片的规模，包含数量更多的逻辑构件，并提供更大的、支持整个芯片的分布式互连结构。图 1.1.1 说明了两种设计方法之间的区别。

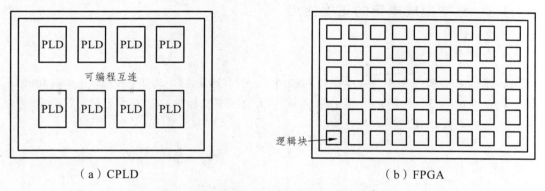

（a）CPLD   （b）FPGA

图 1.1.1 大型可编程逻辑元件的扩展方法

当今应用最广泛的可编程逻辑器件当属 CPLD 和 FPGA。

1.1.4 数字集成电路的封装

1）双列直插式（DIP）

数字集成电路器件有多种封装形式。一般实验中所用的 74 系列器件为双列直插式（DIP）封装，图 1.1.2 所示是双列直插封装的正面示意图。其特点如下：

- 从正面看，器件一端有一个半圆缺口，这是正方向的标志。将 IC 芯片有半圆缺口的一端朝左，以半圆缺口为参考点定位，缺口左下边的第一个引脚编号为 1，IC 引脚编号按逆时针方向增加。DIP 封装的数字集成电路引脚数有 8、14、16、20、24、28 等多种。

图 1.1.2 双列直插封装

- 74 系列器件一般右下角的最后一个引脚是 GND，左上角的引脚是 Vcc。例如，14 引脚器件引脚 7 是 GND；引脚 14 是 Vcc；16 引脚器件的 8 引脚是 GND，16 引脚是 Vcc。但也有例外，如 16 引脚的双 JK 触发器 74LS76，引脚 13 是 GND，引脚 5 是 Vcc。

因此，使用集成电路器件时要先看清楚它的引脚分配图，找对电源和地引脚，避免因接线错误造成器件损坏。

2）复杂可编程逻辑器件（CPLD）封装

一般实验中复杂可编程逻辑器件 CPLD（如 EPM7128SLC84）选用 PLCC（Plastic Leaded Chip Carrier）封装，图 1.1.3 是封装正面。器件的正面上方的小圆点指示引脚 1，引脚编号按逆时针方向增加，引脚 2 在引脚 1 的左边，引脚 84 在引脚 1 的右边。插PLCC 器件时，器件正面的左上角（缺角）要对准插座的左上角。拔 PLCC 器件应使用专门的起拔器。

必须注意：不能带电插拔器件。插拔器件、连接或安装线路只能在关断电源的情况下进行。

图 1.1.3　PLCC 封装正面

1.1.5　数字集成电路的正确使用

1．电源规则

TTL 器件对电源的要求是 $V_{CC}=(5\pm0.25)$ V。CMOS 器件电源范围较宽，一般 4000 系列电源电压允许在(+3～±18) V。工作在不同电源电压下的器件，其输出阻抗、工作速度和功耗等参数也会不同，在使用中应注意。

2．对输入端的要求

① 输入端不要加超过电源电压的信号。

② 不用的输入端必须按逻辑功能接电源或接地，不要悬空。

③ 输入信号上升沿或下降沿不宜太长。对 TTL 电路上升沿或下降沿时间一般限于 50～100 ns/V，对 CMOS 的 4000B 系列限于 15 μs/V，对 74HC 系列限于 0.5 μs/V。因此，当外加输入信号不满足此要求时，必须加施密特触发整形器。

3．对输出端的要求

① 输出端不能直接连至电源端或地端。

② 输出端一般不允许直接连在一起，否则不仅会使电路逻辑混乱，还有可能导致器件损坏，除非是其输入端也连在了一起或是三态门和集电极开路门（OC）。

4．TTL 与 CMOS 接口电路

数字集成电路在使用过程中，常常涉及 TTL 与 CMOS 之间的接口问题。由于这些电路相互的电源电压和输入输出电平及电流不尽相同，因此常常需要转换电路，使前级器件输出

的逻辑电平满足后级器件对输入电平的要求；使前级器件输出电流大于后级器件对输入电流的要求，并不得对器件造成损害。

1）TTL→CMOS 接口

当 CMOS 的电源电压 $V_{DD}=5\text{ V}$ 时，CMOS 电路的最低输入高电平 V_{IH} 约为 3.5 V，最高输入低电平 V_{IL} 约为 1.5 V，而 TTL 电路的最低输出高电平 V_{OH} 约为 2.4 V，最高输出低电平 V_{OL} 约为 0.4 V。可见在低电平时用 TTL 电路直接驱动 CMOS 电路是没有问题的，而且还有较大的噪声容限。而在高电平时就不能保证满足 CMOS 的要求，所以一般需要用上拉电阻来提高 TTL 的输出高电平，如图 1.1.4 所示。

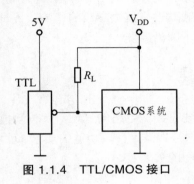

图 1.1.4   TTL/CMOS 接口

2）CMOS→TTL 接口

当 CMOS 的电源电压 $V_{DD}=5\text{ V}$ 时，其 V_{OH}、V_{OL} 完全适合于 TTL74 或 TTL74LS 系列，故电压匹配没有问题。

1.2   数字电路基本测量技术

数字电路测试的基本项目有静态测试和动态测试，一般按先静态后动态的顺序进行测试。静态测试时，电路只加电源或固定电位信号，用内阻较高的万用表来测试电路各点的电位或用逻辑笔测试各点的逻辑电平。动态测试时，电路的输入端加上合适的脉冲信号，用示波器或逻辑分析仪测量和分析电路各点的工作波形及其逻辑关系，主要包括对输入/输出脉冲波形、信号幅度、脉冲宽度、占空比、上升时间和下降时间的测试等。通过对测试结果进行分析，可以检查电路的连接关系和逻辑关系是否正确，电路的各项指标是否达到预期的要求。

有些数字电路只需进行静态测试即可，有些数字电路则必须进行动态测试。一般来说，时序电路应进行动态测试。下面介绍几种基本电路的测试方法。

1.2.1   集成逻辑门电路测试

静态测试时，在各输入端分别接入不同的电平值，即逻辑"1"接高电平（输入端通过 1 kΩ 电阻接电源正极），逻辑"0"接低电平（输入端接地）。用万用表测量各输出端的逻辑电平，并分析各逻辑电平值是否符合电路的逻辑关系。动态测试时，各输入端分别接入规定的脉冲信号，用示波器观察各输出端的信号，并画出这些脉冲信号的时序波形关系图，分析它们之间是否符合电路的逻辑关系。

1.2.2　集成触发器电路测试

集成触发器的静态测试主要是测试触发器的复位、置位、翻转等功能。动态测试时，在时钟脉冲的作用下测试触发器的计数功能，用示波器观察电路各点波形的变化情况，据此可以测定输出与输入信号之间的分频关系、输出脉冲的上升沿和下降沿时间、触发灵敏度和抗干扰能力，以及不同性质的负载对输出波形参数的影响。测试时，触发脉冲的宽度一般要大于数微秒，且脉冲的上升沿和下降沿要陡。

1.2.3　计数器电路测试

计数器电路的静态测试主要是测试电路的复位、置位功能。动态时，在时钟脉冲的作用下，测试计数器各输出端的状态是否满足计数功能的要求，可用示波器观察各输出端的波形，并记录这些波形与时钟脉冲之间的关系。

1.2.4　译码显示电路测试

首先测试数码管各笔段工作是否正常，例如共阴极发光二极管显示器，可以将阴极接地，再将各笔段通过 $1\ \mathrm{k\Omega}$ 电阻接电源正极，各笔段应亮。再将译码器的数据输入端依次输入 $0001\sim1001$，则显示器对应显示出数字 $1\sim9$。

1.3　数字电路故障检测方法

在数字逻辑电路实验中，出现问题是难免的，重要的是分析问题，找出出现问题的原因，从而解决问题。一般导致故障的原因有三个方面：器件故障、接线错误、设计错误。其中大量的故障出现在布线错误上，具体表现有漏线和错线。数字电路故障的一般检查步骤如下：

（1）加电后，首先要观察稳压电源短路指示灯是否亮（电源接通前就应用万用表测量电路的电源端与地线端之间的阻值，排除电源与地线间的短路现象）。若亮，则有短路现象，必须立即关闭电源，重新检查；若不亮，检查各集成电路是否已加上电源，可靠的检查方法是用万用表的表笔直接测量集成块电源端与地线两管脚之间的电压是否为所要求的电压值。此法可检查因底板、集成块管脚或连线原因造成的故障。

（2）若无论输入信号怎样变化，输出一直保持高电平不变，则可能是集成块未接地或接地不良；若输出信号与输入信号变化规律相同，则可能是集成块未接电源。

（3）检查是否有不允许悬空的输入端（如 COMS 电路中不用的输入端）。

（4）进行静态测量。使电路处于某一输入状态下，观察电路的输出是否与设计要求一致；

6

用真值表检查电路是否正常，若发现差错，必须重复测试；仔细观察故障现象，然后把电路固定在某一故障状态，用逻辑笔或万用表测试电路中各器件输入、输出端的直流电压（TTL电路输出高电平 ≥ 2.7 V，输出低电平 ≤ 0.35 V）。在检查时要注意区分高阻状态和逻辑低电平。对于门电路，可由后向前逐级检查，例如某个输入组合情况下，输出状态应为"低"，而发生"高"的错误，此时应先用万用表检查最后一级与非门的各输入端，根据与非门"有低出高，全高出低"的原则，可判断出输出端中为低电平的该端前级通道有故障，依次向前递推，可很快找出问题所在。下面举例说明。

一组合逻辑电路表达式如下：

$$Y(D,C,B,A) = \sum (0,1,2,3,4,5,6,9,13)$$

用 74LS151 和门电路实现的逻辑电路图示于图 1.3.1，现有一接线错误，该电路的真值表和测试结果如表 1.3.1 所示。

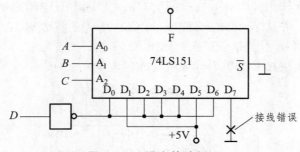

图 1.3.1 排查故障例 1

表 1.3.1 测量表

输入				输出	测量值	输入				输出	测量值
D	C	B	A	F	F	D	C	B	A	F	F
0	0	0	0	1	1	1	0	0	0	1	0
0	0	0	1	1	1	1	0	0	1	1	1
0	0	1	0	1	1	1	0	1	0	1	0
0	0	1	1	1	1	1	0	1	1	1	0
0	1	0	0	1	1	1	1	0	0	1	0
0	1	0	1	1	1	1	1	0	1	1	1
0	1	1	0	0	1	1	1	1	0	0	0
0	1	1	1	0	1	1	1	1	1	0	1

对于这种故障，通过将实际接线与逻辑电路图逐一比较是可以找出故障点的，但通过下面的方法一般更快。

首先，固定故障状态，$Y(DCBA=0111)=1$，对应 74LS151 的地址输入 $A_2A_1A_0=111$，而由 74LS151 真值表知，其输入 $A_2A_1A_0=111$ 时，选通 $Y=D_7$，因此这时只要检查 D_7 端的输入是否正确，这样便可以快速地检查出电路是因 D_7 端应接低电平而未接好导致的故障。

（5）动态检查。一般时序电路都需要动态检查，动态检查需在某一规律信号作用下用示波器检查各级工作波形，具体检查次序可以从输入端开始，按信号流程依次逐级向后检查，也可以从故障输出端向输入方向逐级向前检查，直至找到故障点为止。

（6）如果电路比较复杂，为提高故障诊断效率，可以根据功能将电路尽可能分为信号互不影响的几个部分，然后根据故障现象，判断故障可能出现的位置，逐个测试各个部分的输入、输出信号，检查是否符合其逻辑功能，以排除法锁定故障源。也可视不同情况采用"对分"、"分割"、"对比"或"替代"等方法。应当指出，对于有反馈环的电路故障诊断是比较困难的，在这个闭环回路中，只要有一个元器件（或功能块）发生故障，则往往整个回路处处都存在故障现象。此时，一般的做法是，先把反馈回路断开，使系统成为一个开环系统，然后再接入适当的输入信号，利用信号寻迹法逐一寻找发生故障的部位。例如，图 1.3.2 为利用预置数端的反馈式计数器。计数器 40161 的进位输出 CO 作为与非门的输入，该与非门的输出又作为计数器的置数输入。不论计数器 CD40161 部分或是与非门部分发生故障，都将可能导致整个计数器无输出波形。寻找故障的方法是，断开反馈回路中的一点（如 B_1 或 B_2 点），假设断开 B_2 点，并从 B_2 点加一高电平到 CD40161 的置数端 LD，用示波器观测 $Q_0 \sim Q_3$ 和非门电路输出波形，看其是否正常。如果 $Q_0 \sim Q_3$（或者与非门电路输出）没有波形或波形异常，则故障就发生在 CD40161（或者与非门电路）部分。

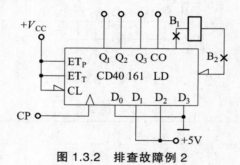

图 1.3.2　排查故障例 2

（7）使用器件替换方法，以排除器件功能不正常引起的电路故障。

第 2 章　数字电路基本实验

实验 1　基本逻辑门特性测试

一、实验目的

（1）认识数字逻辑"1"与"0"所对应的实际电压值及逻辑门（TTL、CMOS）电气特性。

（2）掌握门电路主要参数的测试方法。

二、预习要求与思考题

（1）认真阅读本书附录 2，详细了解 MFB-3 多功能实验器的使用方法，特别注意逻辑变量输入信号（$K_7 \sim K_0$）及发光二极管显示（$L_7 \sim L_0$）的使用方法。

（2）阅读本实验原理与参考电路内容，熟悉各测试电路，了解其原理及测试方法。

（3）查本书附录 1，了解集成芯片 74LS00、CD4011 的引脚排列图。

（4）通过与非门输入负载特性的测试，你能决定 TTL 门电路允许串接的最大输入电阻值吗？对 CMOS 器件有无此限制？

（5）为什么测量 CMOS 与非门的 V_{OL} 值时（见图 2.1.2），R_L 取值要做修改？

三、实验原理与参考电路

本实验以目前使用较普遍的 TTL、CMOS 与非门为例，介绍集成逻辑门静态参数及逻辑功能的测试方法。

1．TTL 与非门（SN74LS00）的静态参数

1）输出高电平 V_{OH}

V_{OH} 是指有一个以上的输入端接地时的输出电平值。典型值 $V_{OH} = 3.4\ \text{V}$，一般满足逻辑"1"允许的最低电压值不能小于 2 V，测试电路如图 2.1.1 所示。

2）输出低电平 V_{OL}

V_{OL} 是所有输入端接 5 V 时的输出电平值。典型值：$V_{OL} = 0.35\ \text{V}$（$I_{OL} = 8\ \text{mA}$），一般满

足逻辑"0"允许的最高电压值不能高于 0.8 V，测试电路如图 2.1.2 所示。

3）输入短路电流 I_{IS}

测试电路如图 2.1.3 所示，一个输入端串接电流表到地，其余开路，输出空载。$I_{IS} \leqslant 0.4$ mA。

4）空载截止功耗 P_H

测试电路如图 2.1.4 所示，一个输入端接地，其余开路，输出空载。

$$P_H = V_{CC}I_{CH}$$

5）空载导通功耗 P_L

测试电路如图 2.1.5 所示，输入端全部开路，输出空载。

$$P_L = V_{CC}I_{CL}$$

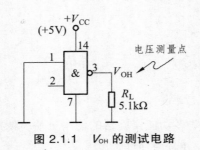

图 2.1.1 V_{OH} 的测试电路　　　　　图 2.1.2 V_{OL} 的测试电路

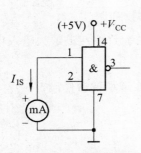
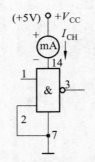
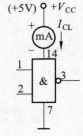

图 2.1.3 I_{IS} 的测试电路　　　图 2.1.4 P_H 的测试电路　　　图 2.1.5 P_L 的测试电路

6）扇出系数 N

扇出系数是指能驱动同类门电路的数目，用以衡量带负载的能力。图 2.1.6 所示电路能测试输出为低电平时（$\leqslant 0.35$ V）最大允许负载电流 I_{OL}，然后求得 $N = I_{OL}/I_{IS}$。

2. TTL 与非门的电压传输特性

利用电压传输特性不仅能检查和判断 TTL 与非门的好坏，还可以从传输特性上直接读出其主要静态参数及噪声容限，传输特性的测试电路如图 2.1.7 所示。

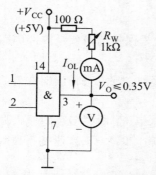

图 2.1.6　扇出系数 N 的测试电路

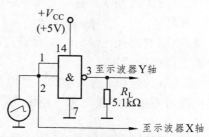

图 2.1.7　电压传输特性的测试电路

3. TTL 输入负载特性

在具体使用门电路时，往往需要在输入端与地之间或输入端与信号之间接入电阻，如图 2.1.8 所示。由图可见，由于输入电流流过 R，必然产生压降而形成输入端电位 V_I，且随 R 的加大 V_I 也将上升，故该电阻大小会影响门电路的"输入逻辑"状态。当输入端所接的电阻小于关门电阻 R_{OFF} 时，输入电平相当于逻辑"0"；反之，输入电阻大于开门电阻 R_{ON} 时，输入电平相当于逻辑"1"。图 2.1.9 的曲线给出了 V_I 随 R 变化的规律，此即输入端负载特性。

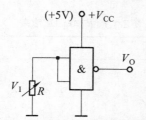

图 2.1.8　输入负载特性的测试电路

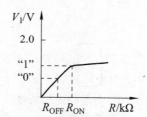

图 2.1.9　TTL 输入负载特性曲线

4. COMS 与非门的主要参数和使用须知

COMS 电路具有功耗低、噪声容限宽、电源电压允许范围广、输出摆幅大等突出优点，因此在数字逻辑电路、大规模存储器以及微处理机等领域中均得到广泛应用。

1）CMOS 门电路的主要参数

电源电压 $+V_{DD}$：CMOS 门电路的电源电压范围较宽，在 $+5\sim+15$ V 范围可正常工作，允许波动 $\pm10\%$。

静态功耗 P_D：P_D 与工作电源电压有关，但与 TTL 器件相比，其功耗极微，约在微瓦量级。

输出高电平 V_{OH}：$V_{OH}\geqslant V_{DD}-0.5$ V 为逻辑"1"。

输出低电平 V_{OL}：$V_{OL}\leqslant+0.5$ V 为逻辑"0"。

扇出系数 N：CMOS 电路具有极高的输入阻抗，要求的驱动电流 I_{IS} 极小，一般小于 0.1 μA。CMOS 电路的输出电流 I_{OL} 也比 TTL 电路的小得多，在 $+5$ V 电源电压下，一般小于 500 μA。因此在工作频率较低时，可以不考虑扇出系数是否会受限制。但在高频工作时，由于后级的输入电容成为主要负载，将使扇出系数受到限制，一般 $N=10\sim20$。

2）CMOS 器件使用规则

① 电源电压的要求：电源电压不能接反，否则无论是保护电路或是内部电路都可能因电流过大而损坏。

② 输出端的连接：输出端不允许直接接 $+V_{DD}$ 或接地，除三态输出器件外，不允许两个器件的输出端连接使用。

③ 输入端的连接：输入端的信号电压不应超过电源电压。所有多余的输入端一律不准悬空，应按逻辑要求直接接电源（逻辑"1"）或接地（逻辑"0"）。工作速度不高时，允许输入端并联使用。

④ 测试 CMOS 电路时，应先加电源电压 $+V_{DD}$，后加输入信号。关机时应先切断输入信号，后断开电源电压。所以测试仪器的外壳必须良好接地。

四、基本实验内容

1．TTL 与非门特性测试（74LS00）

（1）逻辑功能测试：按图 2.1.10 接好电路，对照表 2.1.1 内容逐项检验与非门的逻辑功能。

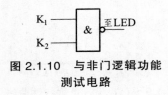

图 2.1.10　与非门逻辑功能
测试电路

表 2.1.1　与非门真值表

A	B	L
0	0	1
0	1	1
1	0	1
1	1	0

（2）测试与非门的输出高电平 V_{OH}，测试电路如图 2.1.1 所示。

（3）测试与非门的输出低电平 V_{OL}，测试电路如图 2.1.2 所示。

（4）测试与非门的输入短路电流 I_{IS}，测试电路如图 2.1.3 所示。

（5）测试与非门的空载截止功耗 P_H、空载导通功耗 P_L，测试电路如图 2.1.4、图 2.1.5所示。

（6）测试与非门输出为低电平时允许灌入的最大负载电流 I_{OL}，然后求得该与非门的扇出系数 $N = I_{OL}/I_{IS}$，测试电路如图 2.1.6 所示。

（7）输入端的负载特性的测试。

实验电路如图 2.1.8 所示，改变 R 数值，将所测对应的 V_I、V_O 填入表 2.1.2 中，分析结果。

表 2.1.2

R	V_I	V_O
51 Ω		
100 Ω		
4.7 kΩ		
15 kΩ		

2．CMOS 与非门特性测试（CD4011）

重复实验内容 1．（1）、（2）、（3）；取 $R_L = 5.1$ kΩ。

五、提高性实验内容

1. TTL 与非门电压传输特性的测试

按图 2.1.7 接好电路。输入信号选择正锯齿波，其 $f = 100\ \text{Hz}$，$V_{\text{IPP}} = 4\ \text{V}$ 左右。将输入信号同时送到与非门输入端和示波器的 X 轴（XY 模式），与非门的输出接示波器的 Y 轴。记录电压传输特性曲线，得出与非门的 V_{OH}、V_{OL}、V_{IH}、V_{IL}。

2. CMOS 与非门电压传输特性的测试

重复以上测试内容。

六、注意事项

（1）TTL 集成与非门芯片 74LS00 的电源 $V_{\text{CC}} = +5\ \text{V}$，一般允许在 ±10% 的范围内变化，不可超出过多。不论是 TTL 还是 CMOS 器件，电源电压不允许接反，见图 2.1.11。

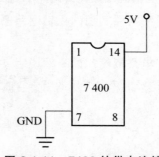

图 2.1.11　7400 的供电连接

（2）注意 CMOS 与非门多余输入端的处理，一般不要悬空。
（3）输出端不能并联使用，不能直接连接 +5 V 或地。

七、实验报告要求

（1）整理实验记录并与典型值比较。
（2）根据实验结果，对照 TTL 与 COMS 器件电气特性。
（3）回答思考题。

八、实验元器件

TTL 与非门	74LS00	1 片
CMOS 与非门	CD4011	1 片
电阻	51 Ω、100 Ω、500 Ω、4.7 kΩ、5.1 kΩ、15 kΩ	各 1 只
电位器	1 kΩ	1 只

实验 2　SSI 组合逻辑电路设计

一、实验目的

(1) SSI 组合电路设计及其静态测试方法。

(2) SSI 组合电路的故障分析与排除。

(3) 用可编程逻辑器件设计简单组合电路。

二、预习要求与思考题

(1) 查阅器件手册，确定本实验提供的器件功能及引脚图。

(2) 熟悉实验箱的原变量及反变量输入方式（设计中的反变量可直接用实验箱 $\overline{K_i}$ 提供）。

(3) 根据设计要求，画出用所给器件实现的逻辑电路图。

(4) 列出实验测试用真值表。

(5) 逻辑表达式最简是否等于电路最简？试举例说明。

(6) 在实验内容（3）中，如何选择两个自变量的组合与血型的对应关系，使得电路为最简？

三、实验原理

用门电路器件（SSI）实现组合逻辑电路设计的一般步骤如下：

(1) 逻辑抽象，即根据实际问题对逻辑功能的要求，确定输入、输出逻辑变量（位数及逻辑赋值）。

(2) 列出真值表（也可直接列出表达式）。

(3) 得出简化逻辑表达式（卡诺图法或代数法化简）。

(4) 按实际选用的门电路类型修改逻辑表达式，并使电路尽可能最简。

四、基本实验内容

用所提供的门器件设计并实现以下选题，必做 2 个设计题，有余力的学生可以多选。

(1) 设计一个 4 位二进制 $B_3B_2B_1B_0$ 数码奇偶判断电路，当代码中"1"的个数为奇数时，输出逻辑 1。

(2) 设计一个 3 位密码固定（设计者自编）的密码锁，功能规定如下：开锁输入信号有效时（EN＝1），如果输入的 3 位代码与该锁固定代码相同，则开锁输出信号 Y_1＝1；反之，如果不符，则电路报警信号 Y_2＝1。无开锁使能信号时（EN＝0），无输出（Y_1＝0，Y_2＝0）。

（3）设计一个输血配对电路，输血者与受血者必须符合图 2.2.1 的规定（提示：为了减少输入变量个数，可用两个自变量的组合代表输血者血型，另外两个自变量的组合代表受血者血型）。

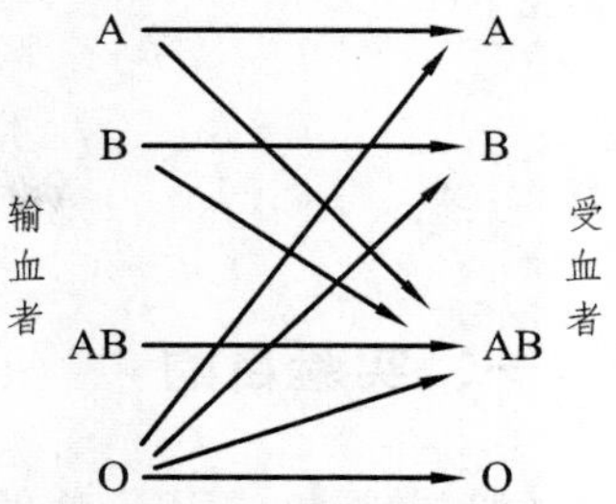

图 2.2.1　血型配对规则

五、提高性实验内容

（1）将基本实验选题（2）功能扩展为固定码可由用户任意设定。

（2）将基本实验选题（3）按实际输血者 4 种血型和受血者 4 种血型取 8 位输入变量进行设计。

用可编程逻辑器件实现以上设计选题，自拟实验方案进行测试。

六、SSI 电路故障分析法

实验时，若输出的逻辑状态不正确，可先检查电路接线是否正确，若仍不能排除故障，可按以下步骤查找故障：

（1）检测器件 V_{CC} 到 GND 引脚电压，判断电源加入是否正确；

（2）检测器件的各门的输入及输出脚电压：先根据输入取值（故障状态）在电路图上逐级标出理论值（"0"、"1"），然后测出器件对应引脚电压值 ["1" > 3 V、"0" < 0.35 V、输入悬空（TTL）约 1.2 V]。

（3）分析并判断：

① 器件损坏（输入、输出违反逻辑关系）；

② 输入变量接入错误（器件引脚逻辑电压与所设输入值不符）；

③ 虚接（接触不良）：TTL 门输入悬空时引脚电压约 1.2 V；

④ 设计错误：电路各级逻辑关系正确。

注意：取故障状态下的输入值、用万用表（或逻辑笔）在器件引脚上测试。

七、实验报告要求

（1）写出设计原理，画出设计电路图；

（2）记录检测结果，并进行分析；

（3）讨论实验中所遇到的故障及排除方法；

（4）可编程逻辑设计需附源程序。

八、实验元器件

74LS00　1 片

74LS10　1 片

74LS86　1 片

实验 3 集成触发器应用

一、实验目的

(1) 掌握集成 JK、D 触发器逻辑功能的测试方法。
(2) 学习用触发器构成简单时序电路的方法。
(3) 学习用可编程逻辑器件设计简单时序电路。

二、预习要求与思考题

(1) 复习触发器工作原理，掌握 JK、D 触发器的功能表。
(2) 根据实验内容 3、4 中的要求，设计出电路，并画出逻辑电路图，标出管脚号。
(3) 设计彩灯控制器时，若只用一片 CD4027（双 JK 触发器），是否可以实现 8 个灯的循环移动（1 暗 7 亮）？说明用触发器构成的二进制计数器类型（加或减）及 3-8 译码器的地址端连接方式。
(4) 从表 2.3.2 中，你能否确定 JK 触发器的异步端是高电平有效还是低电平有效？异步置位端 SET 和异步复位端 CLR 应处于什么状态，触发器才能正常工作？在验证表 2.3.4 时，触发器的初态如何设置？
(5) 从表 2.3.1 中，你能否确定 D 触发器的异步端是高电平有效还是低电平有效？异步置位端 SET 和异步复位端 CLR 应处于什么状态，触发器才能正常工作？在验证表 2.3.5 时，触发器的初态如何设置？
(6) 四分频电路共有几种接法？试做理论设计。

三、实验原理

集成触发器的种类很多，本实验以用途较广的 D 触发器和 JK 触发器为研究对象，熟悉触发器的功能和测试方法，以及如何用触发器构成简单时序电路。

1. D 触发器（74LS74）

TTL 双 D 触发器 74LS74 的触发方式是上升沿触发，复位端 CLR 与置位端 SET 以低电平 "0" 为有效电平。表 2.3.1 为 74LS74 的逻辑功能表。

2. JK 触发器（CD4027）

CMOS 双 JK 触发器 CD4027 的触发方式是上升沿触发，复位端 CLR 与置位端 SET 以高电平 "1" 为有效电平。表 2.3.2 为 CD4027 的逻辑功能表。

表 2.3.1　74LS74 功能表

输　入				输　出	
置位 SET	复位 CLR	时钟 CP	D	Q^{n+1}	Q^{n+1}
0	1	×	×	1	0
1	0	×	×	0	1
0	0	×	×	1*	1*
1	1	0	×	Q^n	$\bar{Q}^n$
1	1	↑	1	0	0
1	1	↑	0	0	1

表 2.3.2　CD4027 功能表

输　入					输　出	
置位 SET	复位 CLR	时钟 CP	J	K	Q^{n+1}	$\bar{Q}^{n+1}$
0	1	×	×	×	0	1
1	0	×	×	×	1	0
1	1	×	×	×	1*	1*
0	0	0	×	×	Q^n	$\bar{Q}^n$
0	0	↑	1	0	1	0
0	0	↑	0	1	0	1
0	0	↑	0	0	Q^n	$\bar{Q}^n$
0	0	↑	1	1	$\bar{Q}^n$	Q^n

　　从表中最后一行可看出，当 SET＝CLR＝0，J＝K＝1 时，触发器为计数状态（T′触发器），此刻时钟 CP 与输出 Q 端波形是二分频的关系，即输出波形的周期是输入时钟信号周期的 2 倍，此功能是构成加（减）计数器的基本单元。例如，将第一位的二分频计数器输出 Q 端连接到第二位二分频计数器的 CP（上升沿触发）端，可构成一个 2 位二进制异步减法计数器。

四、基本实验内容

1．JK 触发器的功能测试（CD4027）

（1）测试异步置位端 SET 和异步复位端 CLR 的功能，将结果填入表 2.3.3 中。

（2）测试 JK 触发器的逻辑功能，将结果填入表 2.3.4 中，注意观察触发方式。

表 2.3.3　JK 触发器置位、复位功能表

SET	CLR	Q^n	$\bar{Q}^n$
0	1		
1	0		
0	0		
1	1		

表 2.3.4　JK 触发器的逻辑功能表

J	K	Q^n	CP	Q^{n+1}
0	1	×	↑	
1	0	×	↑	
0	0	0	↑	
0	0	1	↑	
1	1	0	↑	
1	1	1	↑	

2. D 触发器的功能测试（74LS74）

（1）测试异步置位端 SET 和异步复位端 CLR 的功能，并记录之（参考表 2.3.3）。

（2）测试 D 触发器的逻辑功能，将结果填入表 2.3.5 中。

（3）将 D 触发器接成计数状态（使 $D = \overline{Q^n}$），CP 端输入 TTL 信号（1kHz），观察并记录 CP 输入和输出端的波形（标明幅度和相位关系）。

表 2.3.5　D 触发器的逻辑功能表

D	Q^n	CP	Q^{n+1}
0	0	↑	
0	1	↑	
1	0	↑	
1	1	↑	

3. 设计彩灯控制器

设计一个 4 位彩灯控制器，要求：控制 4 个灯（$L_3 L_2 L_1 L_0$），始终使其中 1 暗 3 亮，且这 1 个暗灯自动循环移动。

测试要求：

（1）状态转换及输出观察（触发器状态 $Q_1 Q_0$，输出 $L_3 L_2 L_1 L_0$），并记录状态转移图。

观测方法：CP 接单脉冲或者 1 Hz 的 TTL 信号，触发器状态及各输出接实验箱指示灯。

（2）时序波形图观察，记录时序波形图（$Q_1 Q_0$，CP，$L_3 L_2 L_1 L_0$）。

观测方法：CP 接连续脉冲（5 kHz），用示波器观测各路波形并记录相位关系。用双踪示波器观察多路波形时，为了保证正确反映时序波形图的相位关系，需要选择一个频率最低、具有特征的波形作为参考波形，并将此参考波形作为示波器的触发源设置。本实验中，可选 Q_1 的波形作为参考波形（也可从 4 个灯中任选一个波形作为参考波形，但以选 L_3 为最佳），其他各路波形分别接入另一通道，分别测出各路波形与参考波形的相位关系，可得出总时序波形图。

4. 控制脉冲产生电路

设计一个控制脉冲产生电路，要求输出波形 C_1、C_0 如图 2.3.1 所示。注意观察控制脉冲有无毛刺。

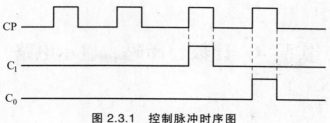

图 2.3.1 控制脉冲时序图

五、提高性实验内容

用可编程逻辑器件设计一个广告灯控制电路，该电路在 CP 作用下，7 个灯的亮暗按图 2.3.2 所示顺序循环进行（也可自拟花式）。

六、注意事项

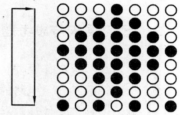

图 2.3.2 广告灯控制效果图

（1）CMOS 器件的多余输入端不能任意悬空，须按逻辑要求接高电平或低电平。

（2）观察时序电路的状态转移图时，CP 应选较低频率（几赫兹以下）的 TTL 信号源；观察时序电路的时序图时，CP 应选较高频率的 TTL 信号源（如 5 kHz）且应正确选择触发源（参考波形）。

七、实验报告要求

（1）按任务要求记录实验数据。

（2）画出设计的逻辑电路图，并对该电路进行分析。

（3）画出实验内容 3 测试的波形图，将选择的参考波形画在最上面，各路波形图相位须符合逻辑关系。

（4）可编程逻辑设计须附源程序。

八、实验元器件

74LS74 1 片
CD4027 1 片
74LS138 1 片
74LS20 1 片
72LS00 1 片
CPLD（可选）

实验 4 计数、译码、显示电路

一、实验目的

（1）熟悉中规模集成电路计数器的逻辑功能及其应用。

（2）学习使用 74LS248（BCD 译码器）和共阴极七段显示器。

（3）用可编程逻辑器件设计计数器应用电路。

二、预习要求与思考题

（1）学习计数器工作原理及任意进制计数器（分频器）的设计方法。

（2）学习译码和显示电路的工作原理，熟悉 74LS248 和共阴极七段显示器的使用方法。

（3）预习中规模集成计数器 74LS161 的逻辑功能及使用方法。

（4）按照实验内容（2）的要求，设计十进制计数器、BCD 译码显示电路，并画出各集成芯片的接线图及 CP、Q_0、Q_1、Q_2、Q_3 理论时序波形图。

（5）按照实验内容（4）的要求，用所给器件设计可编程计数分频器（$M \leqslant 16$），画出接线图。并说明 $M = 12$、6 时，N_D 分别应是什么数值？

（6）试提出构成十进制计数器的其他形式，并举例说明工作原理（只做理论设计）。

（7）若可编程计数器的计数状态转移顺序要求从初态 0 开始加法计数到最后状态，试提出理论设计方案。

三、实验原理与参考电路

1. MSI 计数器功能及应用

MSI 计数器的种类很多，如果按各触发器翻转的次序分类，计数器可分为同步计数器和异步计数器两种；如果按计数器数字的增减分类，可分为加法计数器、减法计数器和可逆计数器三种；如果按计数器进位规律分类，可分为二进制计数器、十进制计数器、可编程 N 进制计数器等多种。

1）同步计数器 74LS161 的逻辑功能

本实验选用集成同步计数器 74LS161 为四位二进制计数器，外加适当的反馈线可以构成十六进制以内的任意进制计数器，它的主要功能如下。

异步清除：当 CLR = 0 时，$Q_0 = Q_1 = Q_2 = Q_3 = 0$（与 CP 无关）。

同步预置：当 LD = 0 时，在时钟脉冲 CP 的上升沿作用下，$Q_0 = D_0$，$Q_1 = D_1$，$Q_2 = D_2$，$Q_3 = D_3$。

计数：当使能端 $ET_P = ET_T = 1$ 时，计数器计数。

锁存：当使能端 $ET_P=0$ 或 $ET_T=0$ 时，计数器禁止计数，为锁存状态，输出保持。74LS161 的功能表详见表 2.4.1，其外引线排列如图 2.4.1 所示。

表 2.4.1　74LS161 功能表

CP	CLR	LD	ET_P	ET_T	操作状态
↑	1	0	×	×	置数
↑	1	1	0	×	保持
↑	1	1	×	0	保持
↑	1	1	1	1	二进制加计数
×	0	×	×	×	清零

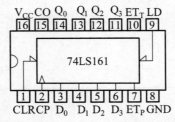

图 2.4.1　74LS161 外引线排列图

2）二进制计数器改成任意进制计数器的方法

设已有 n 位二进制计数器（模 $N=2^n$），而需要得到一个 M 进制计数器。只要 $M<N$，我们就可以令 N 进制计数器在顺序计数过程中跳越 $(N-M)$ 个状态，从而获得 M 进制计数器。

常用反馈控制方式构成任意进制计数器，一般形式有两种：复位法与置位法。

（1）复位法：利用清除端 CLR 构成。工作原理为当它从起始状态 S_0 开始计数并接收了 M 个脉冲以后，电路进入 S_M 状态，这时通过一个译码电路产生清除脉冲立即使计数器置成 S_0 状态，这样就可以跳越 $(N-M)$ 个状态而得到 M 进制计数（分频）器了。用此方法实现十进制计数器的电路如图 2.4.2 所示，即当 $Q_3Q_2Q_1Q_0=1010$ 时通过反馈线计数器异步清 0。由于该电路 1010 状态只是瞬间，它会产生一个尖脉冲，因此较少被采用。

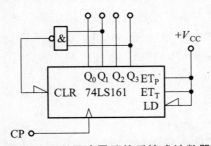

图 2.4.2　利用清零端的反馈式计数器

（2）置位法：利用预置端 LD 构成。

设置数输入二进制数为 N_D，译码电路输出信号为 L_D（反馈到计数器的同步预置端 LD），计数器的进位输出信号为 CO，设计分两种情况，介绍如下。

① 对计数状态转移顺序无特定要求时，令 $L_D = \overline{CO}$，并通过改变预置数 N_D 来改变计数器的计数模数 M（也称分频系数）。当 MSI 计数器为同步加法计数器时，

$$N_D = 2^n - M \tag{2.4.1}$$

其中：n 为二进制计数器位数，对于 74LS161，$n = 4$。

利用此法构成十进制计数器的电路如图 2.4.3 所示。图中 $N_D = 16 - 10 = 6$，其状态转移为：

$$\longrightarrow 6 \rightarrow 7 \rightarrow 8 \rightarrow 9 \rightarrow 10 \rightarrow 11 \rightarrow 12 \rightarrow 13 \rightarrow 14 \rightarrow 15 \rightarrow$$

此时，CO 与 CP 有十分频的关系。

② 对计数状态转移顺序有特定要求时，其预置数是固定的，且 N_D 就等于起始状态的等值十进制数，而 L_D 则决定于计数器计数顺序的最后状态。例如用 74LS161 组成的一个起始状态为 0 的十进制加法计数器电路如图 2.4.4 所示。此时，$N_D = 0$，$L_D = \overline{Q_3 Q_0}$。其状态转移为：

$$\longrightarrow 0 \rightarrow 1 \rightarrow 2 \rightarrow 3 \rightarrow 4 \rightarrow 5 \rightarrow 6 \rightarrow 7 \rightarrow 8 \rightarrow 9 \rightarrow$$

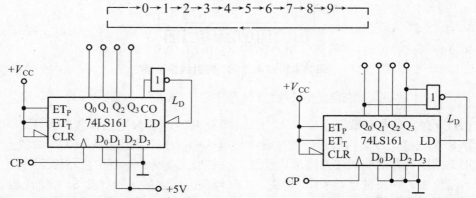

图 2.4.3　利用预置数端的反馈式计数器（一）　　图 2.4.4　利用预置数端的反馈式计数器（二）

2. 发光二极管显示器（数码管）

常用 8 段发光二极管数码显示器 BS201/202（共阴）和 BS211/212（共阳）的外形及等效电路如图 2.4.5 所示。这种类型的显示器具有工作电压低（正向电压小于 2 V）、体积小可靠性高等优点，而且响应时间短、亮度也较高，能直接用 TTL 或 CMOS 器件驱动。其主要缺点是工作电流较大，其中 BS201 和 BS211 每段的最大驱动电流约 10 mA，BS202 和 BS212 每段的最大驱动电流约 15 mA。

3. BCD-七段译码器

74LS47、74LS248 为 BCD-七段译码/驱动器，其中 74LS47 可用来驱动共阳极的发光二极管显示器，74LS248 则用来驱动共阴极的发光二极管显示器。它们的内部电路为集电极开路输出，74LS47 使用时要外接电阻，而 74LS248 的内部有升压电阻，因此使用时无需外接电阻，可以直接与显示器相连接。本实验采用 74LS248 作为译码驱动。

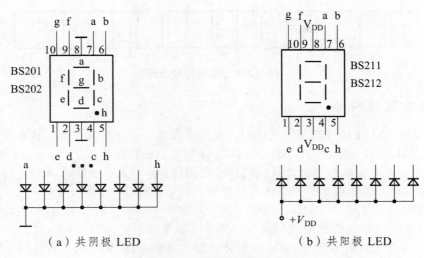

（a）共阴极 LED   （b）共阳极 LED

图 2.4.5　发光二极管显示器

74LS248 除有四个输入端供输入四位 BCD 码和七个输出 a～g 外，还有试灯输入（$\overline{\text{LT}}$）、灭零输入（$\overline{\text{RBI}}$）和熄灭输入/灭零输出（$\overline{\text{BI}}$/$\overline{\text{RBO}}$）。

$\overline{\text{LT}}$：试灯端，当该端接低电平时，无论输入为任何编码，数码的七段全亮。因此可利用该端对数码管的好坏进行测试。

$\overline{\text{RBI}}$：灭零输入端，当该端接低电平且输入 BCD 码为 0 时，数码管无显示。但输入若为其他数码时，数码管仍照常显示。利用 $\overline{\text{RBI}}$ 端可对多位显示进行灭 0 处理。

$\overline{\text{BI}}$：熄灭输入端，当该端接低电平时，a～g 7 个显示段均不亮，无数字显示。利用 BI 端可对数码管进行熄灭或显示工作的控制（如数字的闪烁）等。

$\overline{\text{RBO}}$：灭零输出端，当 $\overline{\text{RBI}}$＝0 且输入 BCD 码为 0 时，该端为低电平，表示译码器处于灭 0 状态。在多位数显系统中，可利用 $\overline{\text{RBO}}$ 信号把数字的前部和尾部多余的 0 熄灭，这样既便于读取结果，又可减少电源的消耗。

$\overline{\text{BI}}$、$\overline{\text{RBO}}$ 共用一个端子，用作输入模式时为 $\overline{\text{BI}}$，用作输出模式时为 $\overline{\text{RBO}}$。

74LS248 外引线排列如图 2.4.6 所示。图 2.4.7 为 74LS248 与显示器的连接电路。图 2.4.8 为显示器显示的数字符号。

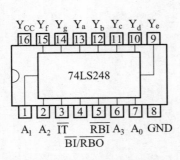

图 2.4.6　74LS48 引脚图

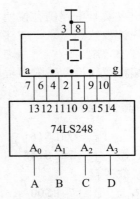

图 2.4.7　译码显示电路

23

| 0 | 1 | 2 | 3 | 4 | 5 | 6 | 7 | 8 | 9 | 10 | 11 | 12 | 13 | 14 | 15 |

图 2.4.8 数字符号显示

四、基本实验内容

（1）测试 74LS161 的逻辑功能（计数、清除、置数、使能及进位等）。CP 选用手动单脉冲或 1Hz 的 TTL 信号，输出 Q_3、Q_2、Q_1、Q_0 接发光二极管显示。

（2）按图 2.4.4 组装十进制计数器，并接入译码显示电路（见图 2.4.7）。时钟脉冲选择 1 Hz 的 TTL 方波，观察电路的自动计数、译码、显示过程。

（3）将 CP 的频率改为 5 kHz，用示波器分别观测十进制计数器的输出 Q_0、Q_1、Q_2、Q_3 的波形以及 CP 的波形，并比较它们的时序关系（参考波形可选 Q_3）。

（4）采用置位法①设计数控 $1/M$ 计数分频器（分频系数 $M \leqslant 2^n$），用式（2.4.1）计算出 $M = 12$ 和 $M = 6$ 时的预置数 N_D 值，当分别输入对应于 $M = 12$ 和 $M = 6$ 时的预置数 N_D 值时，观察并记录 CP 与 CO 的时序波形（验证分频关系）。

五、提高性实验内容

用可编程逻辑器件设计一个数控分频器，当输入（计数器位宽及输入频率根据需要自拟）数据改变时，输出频率值改变，建议分频后的输出信号频率在音频范围内，这样当输出信号接入实验箱扬声器时，可以听到不同音调的声音。

提示：设计原理参考基本实验内容（4）。

六、注意事项

（1）观察多路时序波形时，注意正确选择示波器的触发方式。

（2）调试实验内容（2）时，应先分别调试十进制计数器（用 LED 观察输出 Q_3、Q_2、Q_1、Q_0 计数状态）和译码显示电路（用实验器逻辑开关 K 作 BCD 码输入并观察数码显示），然后再总连。

七、实验报告要求

（1）画出各实验电路图并说明工作原理。

（2）整理计数状态记录、时序波形图，并用坐标纸绘出，注意各波形间的相位关系。

（3）回答思考题。

（4）可编程逻辑设计需附源程序。

八、实验元器件

计数器	74LS161	1 片
显示译码器	74LS248	1 片
共阴七段数码管		1 片
四-2 输入与门	74LS00	1 片
CPLD		可选

实验 5　模拟开关及其应用

一、实验目的

（1）熟悉 CMOS 模拟开关的逻辑功能。

（2）用模拟开关实现模拟和数字的多路传输及构成可编程运算放大器。

二、预习要求与思考题

（1）预习本实验原理，熟悉双向模拟开关 CD4066 和多路模拟开关 CD4051 的逻辑功能。

（2）根据实验内容 2，自行设计可编程电压放大倍数（元件参数自定）并自拟实验步骤。

（3）模拟开关的导通电阻是多少？设计电路时采取什么办法减少导通电阻的影响？

（4）提高性实验中输入、输出信号的允许范围是多少？与模拟开关 V_{DD}、V_{EE} 电压值和极性是什么关系？

三、实验原理与参考电路

模拟开关在电子设备系统及自动控制系统中应用广泛。CMOS 模拟开关具有无残余电压的优点，并且具有双向传输性能以及很高的开/关比。它主要用于多路信号门与模/数和数/模转换中，可作为数控频率、数控阻抗、数控电容、数控电压增益、模拟和数字的多路传输与分离等应用。

1. 双向模拟开关 CD4066

CD4066 为 CMOS 双向模拟开关，其内部含有 4 个独立的能控制数字或模拟信号传送的开关，如图 2.5.1 所示。每个开关有 1 个控制端 CONT、1 个输入端 I/O 和 1 个输出端 O/I。当控制端为高电平"1"状态时，开关导通；当控制端为低电平"0"状态时，开关断开。

CD4066 的功能见表 2.5.1。

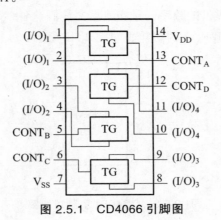

图 2.5.1　CD4066 引脚图

表 2.5.1　CD4066 功能表

CONT	I/O-O/I
0	截止
1	导通

本实验用 CD4066 构成可编程运算放大器，电路如图 2.5.2 所示。控制三位二进制数 $D_3D_2D_1$ 就可以改变运算放大器的闭环电压放大倍数。

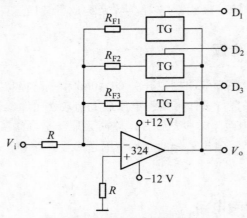

图 2.5.2　可编程运算放大器

2. 多路模拟开关 CD4051

CD4051 是单 8 路模拟开关。它由地址译码器和多路双向模拟开关组成，可以通过外部地址（A、B、C 端）输入，经电路内部的地址译码器译码后，接通与地址码相对应的其中一个开关，并允许从 8 线到 1 线的传送或 1 线到 8 线的信号分离，以及允许信号的并-串转换。

CD4051 的引脚功能如图 2.5.3 所示。电路中 INH 为禁止端，当该端为高电平"1"时，多路模拟开关均不接通，输出端呈现高阻状态。由于这种开关的电源端除了有 V_{DD} 和 V_{SS} 以外，还设有另外一组电源端 V_{EE}，以作为电平位移时使用，从而使得通常在单组电源供电条件下工作的 CMOS 电路所提供的数字信号能直接去控制这种多路开关，并使开关可传输峰-峰值达 15 V 的交流信号。CD4051 的功能表如表 2.5.2 所示。

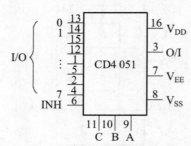

图 2.5.3　CD4051 引脚功能图

表 2.5.2　CD4051 功能表

输 入				导通通道
INH	C	B	A	
0	0	0	0	$(I/O)_0$
0	0	0	1	$(I/O)_1$
0	0	1	0	$(I/O)_2$
0	0	1	1	$(I/O)_3$
0	1	0	0	$(I/O)_4$
0	1	0	1	$(I/O)_5$
0	1	1	0	$(I/O)_6$
0	1	1	1	$(I/O)_7$
1	×	×	×	高阻

四、基本实验内容

1. 测试 CD4051 逻辑功能

(1) $V_{DD}=+5$ V，$V_{EE}=-5$ V，$V_{SS}=0$ V；地址输入端输入 0～5 V 的数字信号，信号输入端分别输入 $V_i=3$ V（有效值）、$f=1$ kHz 的正弦波和同频率的 TTL 数字信号。改变地址输入，观察两种情况下的多路传送的功能，并记录波形图（可任选一通道）。

(2) $V_{DD}=+5$ V，$V_{EE}=V_{SS}=0$ V，输入信号改为直流信号，重复（1）操作，观察输出波形。

2. 可编程放大器的测试

按图 2.5.2 组装可编程运算放大器，$V_{DD}=+5$ V，$V_{EE}=-5$ V，输入信号 $V_i=1$ V（有效值）、$f=1$ kHz 正弦波，电阻参数自定。改变 D_3、D_2、D_1 的逻辑电平，分别测试运算放大器的电压放大倍数。

五、提高性实验内容

设计并实现一个数字可控增益电压放大器，放大倍数分 3 挡。画出电路图并标出元件参数，实验方法自拟。

(1) 输入信号 V_I 为直流电压，具体如下：

1 挡：$0<V_I<0.2$ V，$A_V=-4$；

2 挡：0.2 V$<V_I<2$ V，$A_V=-2$；

3 挡：2 V$<V_I<4$ V，$A_V=-1$。

① 用手动数字换挡方式控制放大器放大倍数，记录各挡实验数据（输入电压自拟）；

② 自动量程转换方式实现程控放大器。

提示：可用两个比较器实现输入信号电压范围鉴别，有量程显示（可用 LED 指示）

（2）输入 1 kHz 正弦波信号，量程用手动方式选择：

① 输入信号幅度分别为 0.1 V（有效值）、1 V（有效值），观察输入、输出波形并测出 A_V；

② 测量此放大器的单位增益带宽；

③ 提出交流信号的自动量程转换方案。

六、注意事项

（1）注意各电源的正确接入，不要接错。

（2）输入信号不要过大，必须在正、负（或正、零伏）电源电压之间，否则易损坏芯片。

（3）CMOS 芯片多余端不得悬空。在实验内容 2 中，可将 CD4066 剩余 1 个通道的控制端和输入端接地。

七、实验报告要求

（1）根据实验内容 1，绘出两组不同电源不同信号（模拟和数字）时的输出波形。

（2）根据实验内容 2，改变程控输入端 $D_3D_2D_1$ 的逻辑电平，记录电压放大倍数并与理论值比较。

（3）回答思考题。

八、实验元器件

四双向模拟开关	CD4066	1 片
单 8 路模拟开关	CD4051	1 片
运算放大器	LM324（或 μA741）	1 片
电阻	自选	

实验 6　集成单稳触发器的应用

一、实验目的

（1）熟悉集成单稳触发器的功能。
（2）学习用集成单稳触发器构成延时电路。

二、预习要求与思考题

（1）复习脉冲电路集成单稳触发器有关章节，了解单稳触发器的工作原理。
（2）预习本实验原理，熟悉集成单稳触发器 74LS123 的逻辑功能及使用方法。
（3）按实验设计要求，计算电路中电阻、电容参数。

三、实验原理与参考电路

根据电路内部结构，集成单稳触发器分为可再触发和不可再触发单稳触发器两种。
常用的几种 TTL 集成单稳触发器型号如表 2.6.1 所示。

表 2.6.1　常用 TTL 集成单稳触发器

型　号	特　点
74LS121	不可再触发单稳触发器
74LS122	可清零可再触发单稳触发器
74LS123	双可清零可再触发单稳触发器

不可再触发单稳态触发器只能在其稳态期间被触发，而在暂态期间触发信号是不起作用的。但可再触发单稳态触发器即使在暂稳态过程中也会对所加的触发信号产生响应，并且定时脉冲的起始时间由最后一个触发脉冲算起。本实验选用 74LS123，其逻辑功能见表 2.6.2，引脚表如图 2.6.1 所示。

表 2.6.2　74LS123 功能表

输　　入			输　　出	
CLR	B	A	Q	$\overline{Q}$
0	×	×	0	1
×	1	×	0	1
×	×	0	0	1
1	0	↑	⊓	⊔
1	↓	1	⊓	⊔
↑	0	1	⊓	⊔

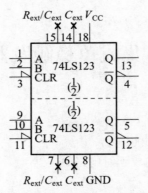

图 2.6.1　74LS123 引脚图

74LS123 是一个双单稳触发器，内部有两个完全独立的可再触发单稳触发器，每个触发器的功能与表 2.6.2 相同。触发器的输入、输出波形如图 2.6.2 所示，电路经 B_1 触发后，还可以借助再触发脉冲 B_2 或 A 输入端的下降沿触发脉冲使输出脉冲展宽。如图 2.6.2（a）所示，未加再触发脉冲时的输出脉宽为 T_{W1}，加再触发脉冲后的输出脉宽为 T_{W2}。由图 2.6.2（a）可见，在再触发方式工作时，输出脉宽可表示为：

$$T_{W2} = (n-1)T + T_{W1}$$

式中　n——输入触发脉冲数；

　　　T——触发脉冲的周期；

　　　T_{W1}——触发器工作在非再触发方式时的输出脉宽或单稳态脉宽。

当定时电容大于 1 000 pF 时可按下式计算：

$$T_{W1} = 0.45 R_{ext} C_{ext}$$

式中　R_{ext}——外接定时电阻；

　　　C_{ext}——外接定时电容。

可再触发的单稳触发器一般都带有复位或清除端。如图 2.6.2（b）所示，清除端 CLR 从高电平变为低电平时，由功能表 2.6.2 可得，不论这时触发器的输入端 A、B 为何值，触发器的输出都为零，使输出脉冲的宽度变窄，即输出脉宽由 T_{W1} 变为 T_{W2}。

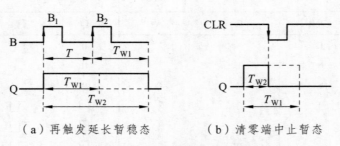

（a）再触发延长暂稳态　　　（b）清零端中止暂态

图 2.6.2　74LS123 的输入、输出波形

四、基本实验内容

1. 用集成单稳触发器 74LS123 产生控制脉冲

输入脉冲信号频率 1 kHz，要求输入信号的上升沿触发产生一延时脉冲，脉冲宽度 0.1 ms。

2. 脉冲取沿电路（二倍频）

用单稳触发器设计一个脉冲取沿电路。该取沿电路只在输入脉冲的上升沿及下沿输出一个窄脉冲，输入脉冲频率为 500 Hz。

五、提高性实验内容

（1）试用集成单稳触发器设计一个机械开关消抖动电路，并将其作为计数器单步 CP 信号进行对比测试。

（2）设计一个控制脉冲产生电路，时序要求如图 2.6.3 所示。

六、实验报告要求

（1）绘出输入信号与尖脉冲波形，标明尖脉冲宽度。

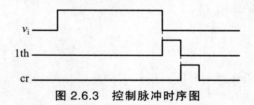

图 2.6.3　控制脉冲时序图

（2）绘出单稳触发器的输入与输出的波形，并标明单稳脉宽。

（3）分析实验测试结果。

七、实验元器件

集成单稳触发器　　74LS123　　　　1 片
电阻、电容　　　　　　　　　　自选

实验 7　555 集成定时器的应用

一、实验目的

（1）熟悉 555 集成定时器的工作原理。

（2）掌握用 555 集成定时器构成的单稳触发器、多谐振荡器及压控振荡器等电路。

二、预习要求与思考题

（1）复习 555 集成定时器有关章节，熟悉用 555 集成定时器构成的单稳触发器、多谐振荡器的工作原理及有关计算公式。

（2）单稳电路对输入信号的周期与占空比有无要求？根据实验内容 1 中的电路参数，你如何选择输入信号的周期及占空比？

（3）分析图 2.7.6 的工作原理，自拟实验步骤调试变音电路。

（4）去掉图 2.7.6 中 C_3，声音会如何变化？

（5）试设计一个触摸报警电路，当人手触摸到金属片（线）时，触发多谐振荡器工作，振荡频率在 300～4 500 Hz 之间，扬声器发出音响（可只进行理论设计）。

三、实验原理与参考电路

1．集成定时器简介

集成定时器 555/556 能够产生时间延迟和多种脉冲信号，由于具有线路简单、功能灵活、调节方便等优点，因而获得了广泛应用。

555 的封装外形为 8 脚双列直插式封装，如图 2.7.1（a）所示。556 为双定时器，内含两个相同的定时器，其封装外形如图 2.7.1（b）所示。555 的内部电路如图 2.7.2 所示。电路采用单电源。双极型 555 定时器的电压范围为 4.5～15 V；而 CMOS 型 555 定时器的电源适应范围更宽，为 2～18 V。这样，它就可以与模拟运算放大器和 TTL 或 CMOS 数字电路共用一个电源。

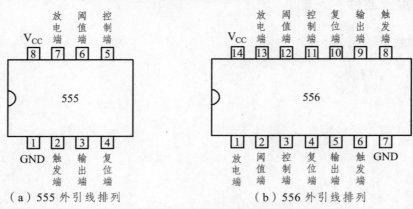

（a）555 外引线排列　　　　（b）556 外引线排列

图 2.7.1　集成定时器引脚图

555 集成定时器的各端子功能分别介绍如下。

输出端（3 脚）：输出电平为数字电平，输出高电平约为 $V_{DD}-0.5$ V，输出低电平近似为 0.1 V。555 定时器的最大灌电流和最大拉电流都是 200 mA。

触发输入端（2 脚）：此端为低电平触发，当触发电平低于 $\dfrac{V_{DD}}{3}$ 时，输出端为高电平。

复位端（4 脚）：当复位端处于低电平时，定时器停止工作，输出端和放电端都近似等于地电平。

放电端（7 脚）：此端用于输出低电平时，对外接定时电容放电；当输出为高电平时，此端相当于开路状态。

阈值电平端（6 脚）：此端为高电平触发，当电压由低电平上升到 $\dfrac{2V_{DD}}{3}$ 时，输出为低电平。

控制电压端（5 脚）：为了消除噪声和电源纹波的干扰，常在此端与地之间接一个 0.01 μF 的旁路电容。这个端子也可用来改变阈值电压和触发电平的电压值。

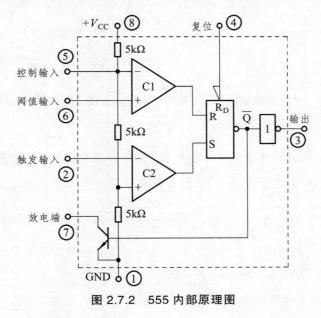

图 2.7.2　555 内部原理图

2. 555 定时器典型应用举例

1）单稳触发器及应用

利用 555 定时器组成的单稳触发器如图 2.7.3 所示。电路工作原理如下：接通电源，$+V_{DD}$ 通过 R 向 C 充电，当 v_C 上升到 $\dfrac{2V_{DD}}{3}$ 时，RS 触发器置 0，即输出为低电平，同时电容 C 通过三极管放电，输出端保持不变。当触发端 2 的外接输入信号负跳变 $\left(<\dfrac{V_{DD}}{3}\right)$ 触发时，RS 触发器置 1，即输出为高电平，同时三极管截止。此时，电源 V_{DD} 再次通过 R 向 C 充电。输出电压维持高电平的时间（输出脉宽 t_p）取决于 RC 的充电时间，分析表明：

$$t_p = RC\ln 3 \approx 1.1RC$$

触发脉冲的周期 T 应大于 t_p，才能保证每一个负脉冲起作用。一般 R 取 $1\ \text{k}\Omega \sim 10\ \text{M}\Omega$，$C > 1000\ \text{pF}$。

利用 555 定时器组成的单稳触发器可以用作触摸开关，电路如图 2.7.4 所示。其中金属片（或导线）为触摸电极。触发端 2 通过大电阻 R_2 接 V_{DD} 处于等待状态。当人触摸金属电极时，由于感应信号，555 被触发，输出一单稳脉冲。C_2 用于抗干扰滤波。触摸开关电路可以用于触摸报警、触摸报时、触摸控制等方面。

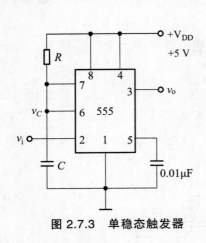

图 2.7.3 单稳态触发器

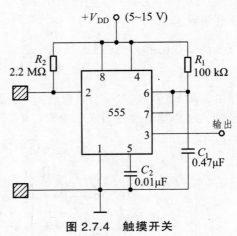

图 2.7.4 触摸开关

2）多谐振荡器

利用 555 定时器组成的多谐振荡器如图 2.7.5 所示。电路的工作原理是：接通电源，电路经外接电阻 R_1，R_2 向电容 C 充电。当 C 上的电压 v_C 上升到 $\dfrac{2V_{DD}}{3}$ 时，RS 触发器复位，输出为低电平 0，三极管导通，C 经 R_2 通过三极管放电；当 v_C 下降到 $\dfrac{V_{DD}}{3}$ 时，RS 触发器置位，三极管截止，C 又开始充电。如此周而复始，输出端便可获得周期性的矩形波。分析表明：电容 C 的放电时间 t_{PL} 与充电时间 t_{PH} 分别为：

$$t_{PL} = R_2C\ln 2 \approx 0.7R_2C$$

$$t_{PH} = (R_1 + R_2)C\ln 2 \approx 0.7(R_1 + R_2)C$$

所以 $\qquad T = t_{PL} + t_{PH} \approx 0.7(R_1 + 2R_2)C$

振荡频率为： $\qquad f = \dfrac{1.43}{(R_1 + 2R_2)C}$

由上分析可知：

① 电路的振荡周期 T、占空系数 D（$D = t_{PH}/T$），仅与外接元件 R_1、R_2 和 C 有关，不受电源电压变化的影响。

② 改变 R_1、R_2，即可改变占空系数，其值可在较大范围内调节。

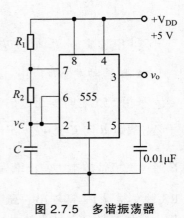

图 2.7.5 多谐振荡器

③ 改变 C 的值，可单独改变周期，而不影响占空系数。

另外，复位端 4 也可输入一控制信号。复位端 4 为低电平时，电路停振。控制输入端 5 可作为压控振荡器的电压 V 输入端，此时 555 的两个比较器的比较电压分别为控制电压 V 和 $V/2$。

四、基本实验内容

1. 单稳触发器及应用

（1）按图 2.7.3 接线，当 $R=5.1\ \text{k}\Omega$、$C=0.1\ \mu\text{F}$ 时，合理选择输入信号的周期与脉宽，用示波器观察输入电压 v_i、电容电压 v_C 和输出 v_o 波形，比较它们的时序关系，并绘出波形（标明周期、脉宽和幅值）。

（2）按图 2.7.4 接线，输出用发光二极管指示，观察触摸开关功能（金属电极用导线代替）。

2. 多谐振荡器及应用

（1）按图 2.7.5 接线，取 $R_1=5.1\ \text{k}\Omega$，$R_2=5.1\ \text{k}\Omega$，$C=0.1\ \mu\text{F}$，用示波器观察并记录 v_C 和 v_o 波形，标出各波形的幅值、周期以及 t_{PH} 和 t_{PL}。

（2）图 2.7.5 中各参数不变，将 R_1 与电源连接端断开，并另接直流电压 V，改变 V，使其在 $5\sim15\ \text{V}$ 范围内变化，测量 V-f 曲线（压控振荡 VCO），并用坐标纸绘出。

五、提高性实验内容

用两片 555 定时器构成如图 2.7.6 所示的变音电路。该电路可看作由两个多谐振荡器和 RC 积分电路构成，IC_1 组成多谐振器，IC_2 为一可控电压振荡器，它的控制端 5 受控于三角波，该三角波是由 IC_1 输出经 R_3、C_3 积分电路积分后得到的。使 IC_2 的振荡频率随控制电压而改变，发出各种模拟声响。用示波器观察积分电路输出波形，调节电位器 R_W 可听到各种模拟声音。

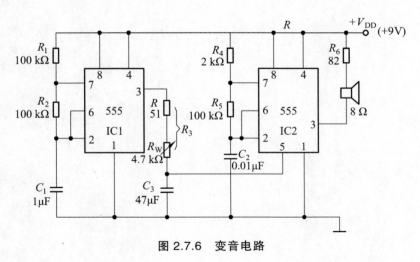

图 2.7.6 变音电路

六、注意事项

（1）单稳电路输入信号的周期 T 应大于输出脉宽，且低电平的宽度应小于输出脉宽，否则无单稳功能。

（2）使用示波器观察各点波形时，应选择 DC 耦合方式，才能正确描绘出所有波形的实际情况（含直流分量）。

七、实验报告要求

（1）整理实验数据，画出实验内容中所要求的波形，标明周期、脉宽和幅值等。

（2）将实测值与理论值相比较，分析误差。

（3）试回答思考题。

八、实验元器件

集成定时器	555	1～2 片（或 556 1 片）
电位器	4.7 kΩ	1 只
电阻	5.1 kΩ 2 只；100 kΩ 3 只	
	51 Ω、100 Ω、2 kΩ、1 MΩ 各 1 只	
电容	0.01 μF 2 只；0.1 μF、1 μF、47 μF 各 1 只	
喇叭	8 Ω 1 只	

实验 8　D/A 转换器的功能测试

一、实验目的

（1）熟悉集成 D/A 转换器的工作特性和使用方法。
（2）学习用 D/A 转换器构成阶梯波电压发生器的方法。

二、预习要求与思考题

（1）了解 DAC0832 集成芯片的外引线排列。
（2）参照图 2.8.4，画出阶梯波发生器的具体接线图，自拟实验步骤。
（3）若将 DAC0832 用作双极性输出变换时（直通输出方式），电路作如何改动？
（4）在实验内容（2）中，如果输入信号频率由 1 kHz 增至 10 kHz，输出波形会有什么变化？
（5）如果希望阶梯波的阶梯数由预置数决定（即数控输出信号幅度），试拟出设计方案，画出逻辑电路图并简述工作原理。（参考实验 4 可编程计数器）

三、实验原理与参考电路

1. 集成 D/A 转换器 DAC0832 简介

集成 D/A 转换器有多种规格，比较典型的有 8 位、10 位和 12 位芯片。现以 DAC0832 为例介绍其特性和应用。

DAC0832 是一个 8 位的 CMOS 集成电路 D/A 转换器，其内部电路结构如图 2.8.1 所示。它由 8 位输入寄存器、8 位 D/A 转换器及逻辑控制单元等功能部件所组成。其中 8 位 D/A 转换器是核心部件，它的内部采用了 256 级的倒 T 形 R-$2R$ 电阻网络，电路如图 2.8.2 所示。输入 8 位数字信号控制着对应的 8 位模拟电子开关，该电路输出的是模拟电流 I_{O1} 和 I_{O2}，为实现电流→电压的转换，应外接运算放大器，电路内部设有为连接外部运算放大器时的反馈电阻 R_f，经运算放大器后输出的模拟电压为：

$$V_O = -\frac{V_{REF}}{2^n}(D_{n-1} \times 2^{n-1} + D_{n-2} \times 2^{n-2} + \cdots + D_0 \times 2^0)$$

DAC0832 各引脚功能如下：

$\overline{CE}$——1 脚，片选端，低电平有效。

$\overline{WR_1}$——2 脚，写输入端 1，低电平有效。它与 $\overline{CE}$ 和 ILE 信号一起共同用来选通输入寄存器。

AGND——3 脚，模拟地。

$D_0 \sim D_7$——7、6、5、4、16、15、14、13 脚，数据输入端。

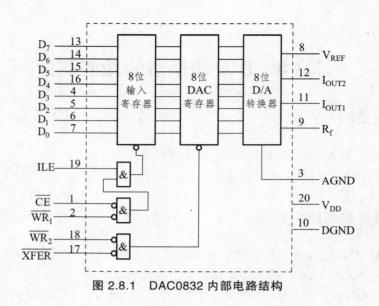

图 2.8.1　DAC0832 内部电路结构

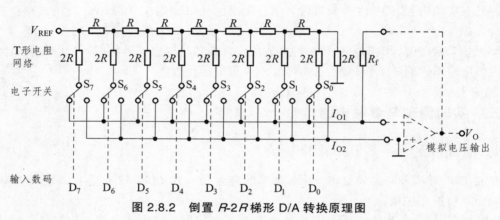

图 2.8.2　倒置 R-2R 梯形 D/A 转换原理图

V_{REF}——8 脚，基准电压输入端，通过该端将外部的高精度电压源与片内的 R-2R 电阻网络相连。其电压范围为 $-10\text{ V} \sim +10\text{ V}$。

R_f——9 脚，反馈电阻引出端，它的内部电阻 R_f 与 R-2R 梯型网络匹配，可以作为外部运算放大器的反馈电阻，此端应和运算放大器的输出端相连。

DGND——10 脚，数字地，整个电路的模拟地必须与数字地相连。

I_{OUT2}——12 脚，D/A 转换器的电流输出端，其输出电流为 I_{O2}，接运算放大器的同相端。

I_{OUT1}——11 脚，D/A 转换器的电流输出端，其输出电流为 I_{O1}，接运算放大器的反相端。

$\overline{XFER}$——17 脚，信号传送控制端，低电平有效，它与 $\overline{WR_2}$ 一起用来选通 DAC 寄存器，将输入寄存器的数据传送到 DAC 寄存器中。

$\overline{WR_2}$——18 脚，写输入端 2，低电平有效。

ILE——19 脚，输入寄存器信号允许端，高电平有效。它与 $\overline{CE}$、$\overline{WR_1}$ 一起用来选通输入寄存器。

V_{DD}——20 脚，电源端，$+5\text{ V} \sim +15\text{ V}$。

38

2. DAC0832 的基本工作方式

DAC0832 可以有三种工作方式，即双缓冲方式、单缓冲方式和完全直通方式。

（1）单缓冲方式：将 $\overline{WR_2}$ 和 $\overline{XFER}$ 端接低电平，此时，内部的 8 位 DAC 寄存器处于透明状态，即任意时刻它的输出和输入是一致的。起缓冲作用的仅是内部的 8 位输入寄存器。

（2）完全直通方式：将 $\overline{CE}$、$\overline{WR_1}$、$\overline{WR_2}$ 和 $\overline{XFER}$ 接低电平，ILE 接高电平，此时两级寄存器都处于透明状态，外部输入数据不受任何控制可直通内部 8 位 D/A 转换器的数据输入端。

在使用中可根据具体情况选择合适的工作方式。

四、基本实验内容

（1）按图 2.8.3 接线，V_{REF} 分别取 +5 V 和 -5 V，按表 2.8.1 输入数字量，测量相应数字量输入下的模拟输出电压，并与理论计算值相比较。

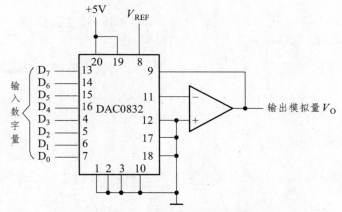

图 2.8.3　DAC0832 的直通工作方式

表 2.8.1　D/A 功能测试表

D_7	D_6	D_5	D_4	D_3	D_2	D_1	D_0	V_O 测试值	V_O 理论值
0	0	0	0	0	0	0	0		
0	0	0	0	0	0	0	1		
0	0	0	0	0	0	1	0		
0	0	0	0	0	1	0	0		
0	0	0	0	1	0	0	0		
0	0	0	1	0	0	0	0		
0	0	1	0	0	0	0	0		
0	1	0	0	0	0	0	0		
1	1	1	1	1	1	1	1		

（2）参考图 2.8.4 所示阶梯波发生器原理框图，自行设计阶梯波发生器。将十六进制计数器 74LS161 的输出端（Q_3、Q_2、Q_1、Q_0）对应接到 DAC0832 的数字输入端的低 4 位（或高 4 位），高 4 位（或低 4 位）输入端接地。计数的 CP 接 1 kHz 的 TTL 信号，用示波器观察和记录阶梯波输出。

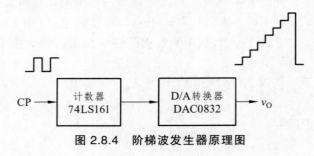

图 2.8.4　阶梯波发生器原理图

五、提高性实验内容

（1）设计一个用 D/A 转换器、可逆计数器、低通滤波器组成的三角形发生器，要求所产生信号的频率为 500 Hz，峰-峰值为 5 V，并实现频率数字控制。

（2）根据 D/A 输出表达式 $V_O = -\dfrac{V_{REF}}{2^n}D$，设计一个可实现数字量 D 与模拟量 V_I 相乘的乘法器。

六、注意事项

（1）使用 DAC0832 时，在通电前一定注意检查电路接线是否正确，特别要注意电源极性不得接错。

（2）示波器的输入方式应使用 DC 耦合方式。

七、实验报告要求

（1）记录 D/A 转换器的模拟电压输出，并与理论值比较。

（2）描绘阶梯波产生器的输出波形，标明幅值。

八、实验元器件

集成 D/A 转换器	DAC0832	1 片
集成运算放大器	μA741（或 LM324）	1 片
计数器	74LS161	1 片
CPLD		可选

实验 9　A/D 转换器的功能测试

一、实验目的

熟悉集成 A/D 转换器的工作特性和使用方法。

二、预习要求与思考题

（1）熟悉集成 A/D 转换器 ADC0809 的功能。
（2）自拟实验步骤，观察 ADC0809 的转换过程。

三、实验原理与参考电路

集成 A/D 转换器也有多种规格，典型的有 8 位、10 位和 12 位芯片。现以 8 位 ADC0809 芯片为例说明其特性。

1. 集成 A/D 转换器 ADC0809 简介

ADC0809 是 CMOS 逐位比较式 A/D 转换器，转换时间为 $100\ \mu s$。它有 8 个模拟输入量，可由三位地址码分别选择 8 个模拟量之一作为输入。模拟量的输入电平为 $0 \sim 5\ V$，不需零点和满度调节。数字量输出采用三态逻辑，与 TTL 电平兼容。ADC0809 的结构框图如图 2.9.1 所示。

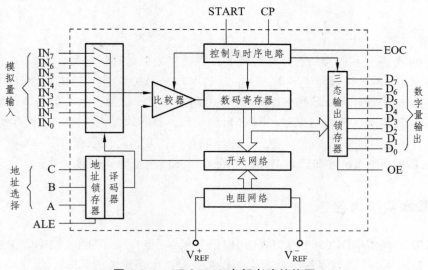

图 2.9.1　ADC0809 内部电路结构图

各引脚功能如下：

$D_0 \sim D_7$——17、14、15、8、18、19、20、21 脚，数字量输出端。

$IN_0 \sim IN_7$——26、27、28、1、2、3、4、5 脚，模拟量输入端。

A、B、C——25、24、23 脚，为地址译码控制，控制多路开关状态，选择相应模拟通道。对应关系如表 2.9.1 所示。

表 2.9.1　地址选择功能表

C	B	A	通道	C	B	A	通道
0	0	0	IN_0	1	0	0	IN_4
0	0	1	IN_1	1	0	1	IN_5
0	1	0	IN_2	1	1	0	IN_6
0	1	1	IN_3	1	1	1	IN_7

ALE——22 脚，地址锁存允许信号，在 ALE 上升沿 C、B、A 被锁入地址锁存器，以选择相应输入通道。

START——6 脚，为 A/D 启动信号，高电平有效，上升沿使数码寄存器清零，为逐位比较做好准备；下降沿使转换电路开始 A/D 转换。

EOC——7 脚，为转换结束标志端，低电平时为 A/D 转换开始，经 8 个时钟周期后转换结束，EOC 变为高电平，并将转换结果送入三态输出锁存器。EOC 也可作为中断请求信号。

OE——9 脚，输出使能端，高电平有效，将锁存器的数据送至数据线上。

CLK——10 脚，时钟输入信号。

V_{REF}^+——12 脚，基准电源正端。

V_{REF}^-——16 脚，基准电源负端。

一般应用情况下，V_{REF}^+ 与电源 V_{CC} 相接，V_{REF}^- 与 GND（地）相接。如要求高精度基准电源，可另接稳压电源。

2．典型应用

ADC0809 可通过并行接口芯片与各种 8 位微型机或微处理器连接，图 2.9.2 是 ADC0809 的一种典型应用。输入模拟量 $V_1 = 0 \sim 5\ V$，当 $V_1 = 0$ 时，A/D 转换器输出为 00H；$V_1 = 5\ V$ 时，A/D 转换器输出为 FFH。ALE 和 START 连接，利用其上升沿锁存地址信号 A、B、C，其下降沿启动 A/D 转换器，转换结束时，EOC 自动变高，将转换结果送入三态锁存器。OE 为输出允许信号，该信号变高电平时，将三态输出锁存器打开，8 位数据 $D_7 \sim D_0$ 被读出。因此 START、ALE 和 OE 通过或非门与 $\overline{\text{Write}}$、$\overline{\text{Read}}$ 以及口地址译码相接。

四、基本实验内容

测试 A/D 转换器 ADC0809 的功能：用电阻分压器（自行设计）的各端输出作为 ADC0809 的 8 路模拟量输入，8 位数字输出接发光二极管显示。电路参考图 2.9.3，改变地址信号（A、B、C），记录相应的数字量。

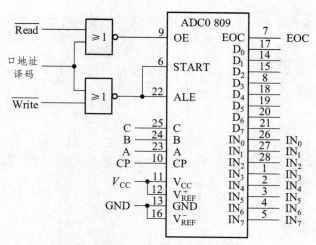

图 2.9.2　ADC0809 典型应用

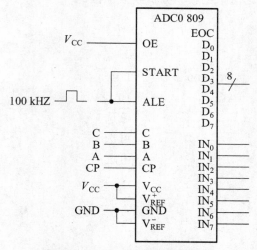

图 2.9.3　ADC0809 实验电路

五、提高性实验内容

（1）设计 8 路模拟信号电压采样及十进制数字显示电路。

基本要求如下：

① 通道 1～7 为直流；

② 通道 8 为正弦波，要求显示有效值（选做）；

③ 一位半 BCD 码显示；

④ 分辨率 0.1 V；

⑤ 可循环扫描显示 8 路，也可手动显示。

量程自动转换功能：

① 分两挡："×1"挡，$V_I < 1.5$ V 挡；"×10"挡，1.5 V $< V_I < 15$ V。

② LED 显示量程（小数点位置）。

提示：用电阻衰减分压（9∶1）、比较器组成电压范围鉴别器和模拟开关多路选择器组成 A/D 前置电路。

（2）根据 A/D 表达式 $D = \dfrac{2^n V_{\mathrm{I}}}{V_{\mathrm{REF}}}$，设计一个除法器，指标自拟。

六、注意事项

使用 ADC0809 时，通电前要仔细检查电路接线是否正确，尤其要注意电源的极性不能接反，输出端不得作输入使用。

七、实验报告要求

整理实验记录并与理论值相比较，分析误差原因。

八、实验元器件

集成 A/D 转换器	ADC0809	1 片
电阻	1 kΩ	10 只
CPLD		可选
模拟开关 CD4052		可选
运算放大器		可选

第 3 章 Quartus Ⅱ 工具软件使用入门

3.1 概　述

超大规模集成电路（VLSI）的发展，使得利用电子自动化（EDA）工具进行电子设计成为硬件设计者所必须掌握的基本技能。目前实现较复杂的数字系统广泛采用的方法是以大规模可编程逻辑器件为电路载体，以硬件描述语言（HDL）为设计语言，以 EDA 软件工具为设计工具，以具有显示、下载、输入输出接口的实验设备为电路硬件测量环境，实现数字系统硬件电路的设计和实验。在国际上，现有许多著名的公司推出了各种类型的可编逻辑器件和开发软件，用户可根据自己的需要和条件选用。本章仅对目前在国内高校使用较多的 Quartus® Ⅱ 工具软件进行介绍。

3.1.1　Quartus Ⅱ 设计流程简介

Altera® Quartus® Ⅱ 设计软件提供完整的多平台设计环境，能够直接满足特定设计需要，为可编程芯片系统（SOPC）提供全面的设计环境。Quartus Ⅱ 软件含有 FPGA 和 CPLD 设计所有阶段的解决方案。

Quartus Ⅱ 的设计流程如图 3.1.1 所示。

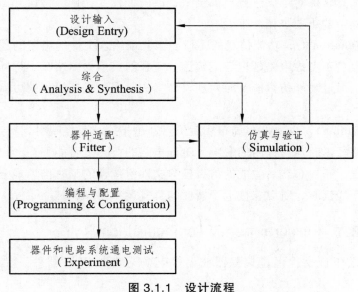

图 3.1.1　设计流程

1. 设计输入（Design Entry）

电路的设计与输入是指通过某些规范的描述方式，将电路设计输入给 EDA 工具。Quartus Ⅱ 支持的设计输入方法有硬件描述语言 HDL（VHDL File 和 Verilog HDL File）和模块/原理图设计输入方法（Block Diagram/Schematic File）等。

（1）原理图输入：这是一种类似于传统电子设计方法的原理图编辑输入，原理图由逻辑器件（符号表示）和连线构成，图中的逻辑器件可以是软件库中提供的功能模块，如我们熟悉的门电路、触发器以及各种含 74 系列器件功能的宏功能块。

（2）HDL 文本输入：使用硬件描述语言来描述电路功能，这种方式与软件语言编辑输入方式类似。本书第 4 章将介绍 Verilog HDL 的基本语言要素。

（3）混合输入模式：原理图与 HDL 文本输入的结合，常用在较为复杂的电路设计中。

2. 综合（Analysis & Synthesis）

综合是指将 HDL 语言、原理图的设计输入翻译成由与、或、非门，存储器，触发器等基本逻辑单元组成的逻辑网表，并根据约束条件优化所生成的逻辑网表。

3. 器件适配（Fitter）

适配器的功能是将由综合器产生的网表文件配置于指定的目标器件中，使之产生最终的下载文件。适配所选定的器件必须属于原综合器指定的目标器件系列。因此，适配器通常由 PLD 供应商提供。

4. 时序仿真与功能仿真（Simulation）

仿真：利用工具软件对结果进行模拟测试，以验证设计，排除错误。仿真是电子设计自动化（EDA）过程中的重要步骤。

功能仿真（Functional）：功能仿真的主旨在于验证输入文件的电路的逻辑功能是否符合设计要求，其特点是不考虑电路延迟与线延迟，考察的重点为电路在理想环境下的行为和设计构想是否一致。通过功能仿真能及时发现设计中的错误，提高设计的可靠性。功能仿真可在器件适配前进行。

时序仿真（Timing）：也就是布局布线后仿真，是指设计已经映射到特定的工艺环境后，综合考虑电路的路径延时与门延时的影响，验证电路的行为是否能够在一定的时序条件下满足设计意图的过程。布局布线后生成的仿真延时文件所包含的延时信息最全，不仅包含门延时，还包括实际布线延时，所以它接近于器件的真实运行情况。

5. 编程与配置（Programmer & Configuration）

把适配生成的下载文件通过编程器或编程电缆下载到 PLD 器件，完成可编程器件的开发。

6. 通电测试

将已编程的器件接入电路中进行通电测试，以便最终验证设计在实际电路中的工作情况。

在这些步骤中，最重要的是综合和时序仿真两步。综合完成了 HDL 语言到硬件电路网表的生成，时序仿真检验了实际电路是否能正常运作。

在本章中，我们首先通过一个逻辑电路图的输入方式实例，介绍 Quartus Ⅱ 平台的基本流程操作步骤，然后再介绍文本输入法和图形与文本层次文件输入法，使读者可以通过该章的实例，对 Quartus Ⅱ 软件的使用迅速入门。

3.1.2 Quartus Ⅱ 安装

1. 安装软件

初学者可从 Altera 公司网站下载 Quartus Ⅱ 网络版 Free 免费软件（http: //www.altera. com.cn/），执行安装操作后，软件将自动引导完成。

2. 网络版软件授权文件的获取

软件安装结束后，还必须在软件中指定 Altera 的授权文件（许可），才能正常使用。授权文件可以在公司网站注册后，输入安装软件的计算机 NIC 号（运行 IPCONFIG/ALL，Physical Address 12 位），公司网站会电邮授权文件（*.dat）至注册的信箱。

3. 授权文件的设置

启动 Quartus Ⅱ 软件，执行 Tools 菜单下的 License Setup 命令，弹出如图 3.1.2 所示窗口，在对话框 License file 栏目中选中授权文件存放位置，点击 OK，结束授权。

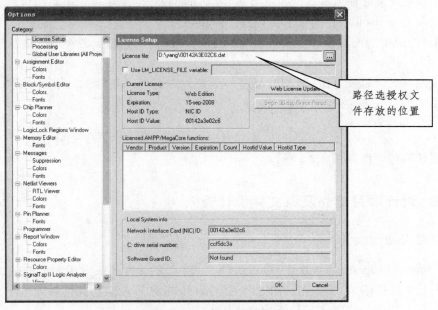

图 3.1.2　授权文件设置

4. 安装 Altera 公司的硬件驱动程序

要使设计结果通过计算机的通信接口编程下载到目标芯片中（流程：编程与配置），还必须安装 Altera 公司的硬件驱动程序。

（1）通过计算机并口（并行打印机接口）下载。打开 Windows 窗口下的"控制面板"，点击"添加硬件"，进入添加硬件向导，选中"我已连接了此硬件"后点击下一步，进入已连接硬件列表，选中列表中"声音、视频和游戏控制器"项后，选"从磁盘安装"，在"厂商文件复制来源"栏目中选中 Quartus Ⅱ 软件安装目录下的驱动程序："盘符（用户安装软件的位置）：\altera\quartus*（版本号）\drivers\win2000"后，单击"确定"按钮，在出现的页面上选"altera ByteBlaster"项后选继续安装。硬件驱动程序安装完成后，计算机会自动提示需要重新启动，硬件驱动程序生效。

（2）如果开发板使用 PC 机的 USB 接口下载，则当开发板第一次与 PC 机的 USB 接口连接时，Windows 操作系统将会自动引导编程下载硬件启动程序安装。Altera 公司的硬件驱动程序放在\altera\quartus*（版本号）\drivers\usb-blaster 目录中。

3.2 Quartus Ⅱ 的图形输入法

图形输入法也称原理图输入法，Quartus Ⅱ 的图形编辑器提供了与传统的数字电路设计方法接轨的平台，设计者不需要了解任何硬件描述语言，只要将数字逻辑电路图在图形编辑器里画出，即可完成设计源文件输入。图形编辑器的器件库提供了大量的常用逻辑门电路、常用中规模通用逻辑器件以及功能宏模块，用户也可以将自己的设计文件生成一个器件调用，因此，图形输入法既可以用来完成一个底层（单层）的逻辑电路图，又可以作为一个数字系统设计的顶层图（混合输入法，见本章第四节）。下面以一个单层逻辑电路图设计为例，介绍图形输入法及 Quartus Ⅱ 平台的基本流程操作步骤。

例 3.1.1 用中规模器件加法器（74283）设计将四位二进制数转换成十进制数的代码转换电路。

解 设四位二进制数为 A（$A_3A_2A_1A_0$），十进制数为 S（$S_4S_3S_2S_1S_0$），根据代码转换原理有：

$$S = \begin{cases} A, & A \leqslant 1001 \\ A + 0110, & A > 1001 \end{cases}$$

满足设计要求的原理图如图 3.2.1 所示。

3.2.1 设计项目建立及源文件设计输入

1. 启动 Quartus Ⅱ

执行"Start→Programs→Altera→Quartus Ⅱ"，启动 Quartus Ⅱ，其主窗口如图 3.2.2 所示。该主窗口由几个窗口组成，这些窗口提供了对 Quartus Ⅱ 软件所有功能特性的访问，用户可以通过鼠标在有关窗口上选取这些功能特性。

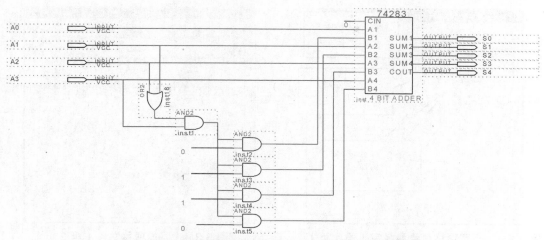

图 3.2.1　四位二进制数转换成十进制数的逻辑电路图

2. 创建一个新的设计项目

在设计电路时，首先要建立设计项目（project），执行"File →New Project Wizard"，进入向导启动界面第 1 页，如图 3.2.3 所示（新建项目对话框共 5 页）。此页面用于登记设计文件存放的文件夹、设计项目的名称和顶层实体名（module 名），本例项目取名为 BTOD。单击第一页下方"Next"，进入新建项目第 2 页（见图 3.2.4），此页用于增加设计文件，包括顶层设计文件和其他底层设计文件，在本例中，没有其他现存文件，所以点击 Next。进入新建项目第 3 页（见图 3.2.5），此页用于选择设计用的目标器件型号，用户必须根据要使用的 CPLD 或 FPGA 器件正确选择型号。在新建项目第 4 页、第 5 页中选择默认项后按"Next"直到完成新建项目，见图 3.2.6 和图 3.2.7。完成新建项目后，在主窗口下的"Compilation Hierarchier"中将出现顶层文件名：BTOD。

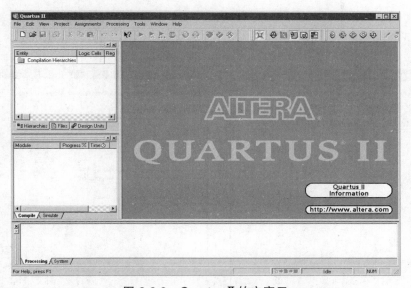

图 3.2.2　Quartus Ⅱ 的主窗口

图 3.2.3 指定项目目录和名字（第 1 页）

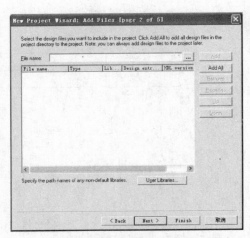

图 3.2.4 添加项目文件（第 2 页）

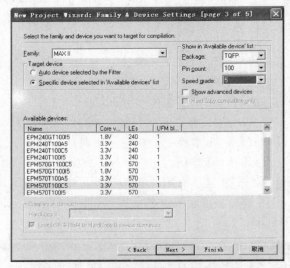

图 3.2.5 指定目标器件型号（第 3 页）

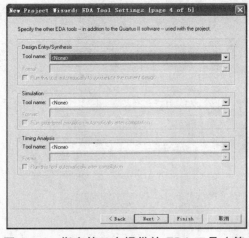

图 3.2.6 指定第三方提供的 EDA 工具（第 4 页）　　图 3.2.7 新建项目详单（第 5 页）

3. 源文件输入

新的项目建立后，便可进行电路设计，执行"File→New"，出现图 3.2.8 所示的窗口，选"Block Diagram/Schematic File"（模块/原理图文件），可进入如图 3.2.9 所示的图形编辑器界面。原理图输入主要有以下几步：调入元器件、定义输入输出引脚名、连接电路图（连线）等。下面以例 3.1.1 的设计为例，介绍原理图输入的主要步骤。

图 3.2.8　输入文件格式选择窗口

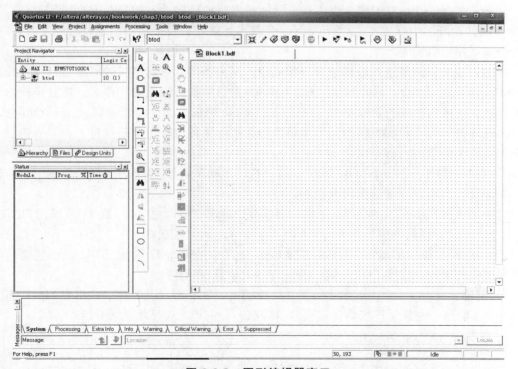

图 3.2.9　图形编辑器窗口

1）调元器件

双击原理图编辑空白区的任何位置，将弹出如图 3.2.10 所示的元件选择窗（或在编辑窗单击鼠标右键，在弹出的选择对话框中选择"Insert Symbol as Block…"）。

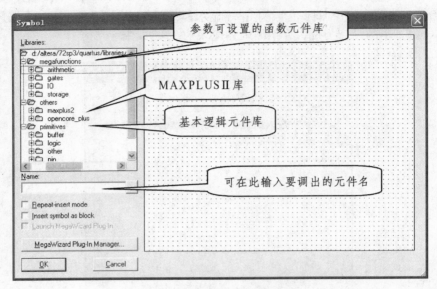

图 3.2.10　元件选择窗

元件选择窗的左边栏提供可调用的元件库，其中，megafunctions 是可设置参数的元件库；others 是 maxplus2 宏库，里边有包括加法器、编码器、计数器、寄存器等类似相应的74 系列器件功能的中规模器件；primitives 是基本元件库，包括常用门电路、触发器、电源、输入引脚、输出引脚等。

按本例要求，需要选加法器、与门和或门，其中加法器可选择 74283，与门可选择逻辑门 and2，或门可选 or2。调入方法：在 Libraries 栏目中找到相应的元件名，用鼠标单击所选的元件名，可得到相应的元件符号（或直接在 Name 栏输入元件名），然后点击"OK"按钮，选中的元件符号将出现在当前的图形编辑窗口，拖动鼠标放在合适的位置上，双击该符号，可以观察这个符号的内部电路。

① 74283 器件：在 maxplus2 库中，向下拉动滚动条，选 74283 后，按"OK"键，选中的元件符号将出现在原理图编辑窗口中。

对中规模器件不用端的处理：根据功能需要，将这些端调用 Vcc（置 1）或调用 GND（置0）符号，本设计因低位进位为 0，故 CIN 端调用 GND 符号置 0。

② 门电路：在 primitives 基本元件库 logic 子库中选中 and2 后按"OK"键，将与门调入到原理图中；选 or2 后按"OK"键，将或门调入到原理图中。

③ 引脚：打开 primitives 库，向下拉动滚动条，在 pins（引脚）子库中有 input（输入）和 output（输出）的符号。按具体需要的引脚数，分别调入图形编辑器中。

2）定义输入、输出信号名

把光标移至电路原理图中输入引脚符号的 pin_name 上，双击鼠标，引脚名被选中，此时可以键入新的引脚名，例如键入 A3 作为输入信号引脚名。在键入引脚名后，立即按回车键，此时引脚名已为 A3。用同样的方法命名电路其他引脚。

3）连接电路

点击工具栏左侧的箭头图标 ，光标将显示箭头的形状，把光标移动到要连接的引脚线头上，此时光标将变成十字准线状（这表示允许画一条连接线将引脚线头连接到电路原理图上的另外一个地方），按下鼠标左键并拖动鼠标，直到把连接线画到要连接的另一个引脚节点上，然后松开鼠标，这样两个线头就连接在一起了。本例最终逻辑电路图如图 3.2.11 所示。执行"File→Save As"保存电路原理图，保存的文件名后缀为 bdf（本例文件名为 btod.bdf）。

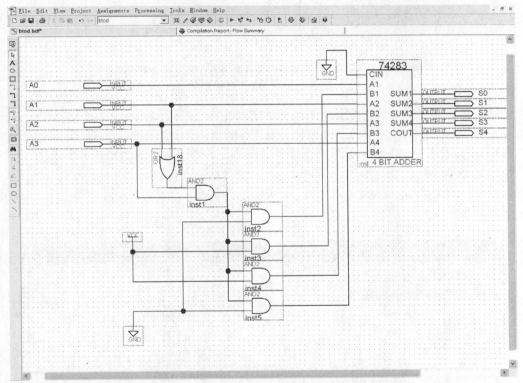

图 3.2.11　四位二进制数转换成十进制数的逻辑电路图

至此，完成了设计输入步骤，然后需要对设计文件进行综合、仿真、引脚锁定、编程下载和硬件验证，以下几节将介绍这些步骤。

3.2.2　综合设计文件

执行主窗口 Processing 的 Start Compilation 命令，也可以通过点击工具栏上的图标 ▶ 启动对 btod.bdf 文件进行综合（全编译）。综合过程界面如图 3.2.12 所示。全编译过程包括分析与综合（Analysis & Synthesis）、适配（Fitter）、编程（Assembler）和时序分析（Timing Analyzer）等环节。

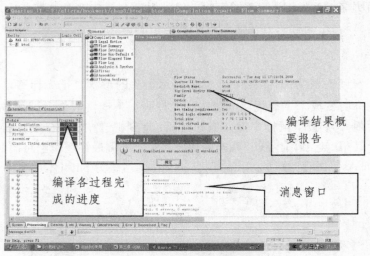

图 3.2.12　编译结果报告

若综合器发现了错误，则所发现的每个错误都有一个对应的消息显示在消息（Messages）窗口。同样，综合器也可能生成一些警告消息，一般来说，大部分警告信息不影响设计结果。

当综合完成时，设计者可从产生的编译报告中，查看综合、适配等结果信息。

如果需要将此设计文件生成一个元件符号，供顶层文件设计调用（层次文件设计），可以执行"File"菜单下"Create/Update"中的"Create Symbol for Current File"命令，本例生成的元件符号如图 3.2.13 所示。

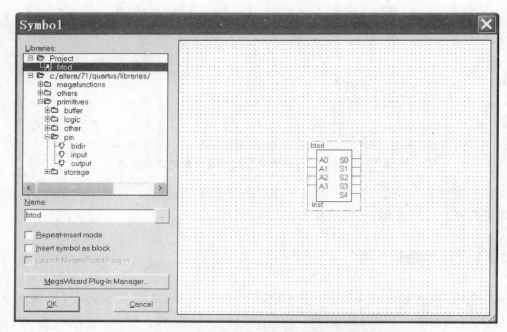

图 3.2.13　四位二进制数转换成十进制数的元件符号

3.2.3 仿真设计文件

Quartus Ⅱ 软件包中包含一个用于对已设计电路的行为进行仿真的工具。在对电路进行仿真之前，必须建立波形文件、输入信号节点、编辑输入信号、运行仿真器等，下面分步介绍。

1. 建立波形文件

执行"File→New"，在弹出的编辑文件类型对话框（见图 3.2.8）中，选择对话框"Other Files"中的"Vector Waveform File"方式后按"OK"按钮，弹出如图 3.2.14 所示的新建波形文件的编辑窗口页。执行"Edit→End Time"并在弹出的对话框中输入仿真结束时间，再执行"View→Fit in Window"，可在该窗口中显示从 0 时刻开始到仿真结束的整个仿真过程。以 btod.vwf 为文件名保存该文件，注意这个操作改变了显示窗口的名字。

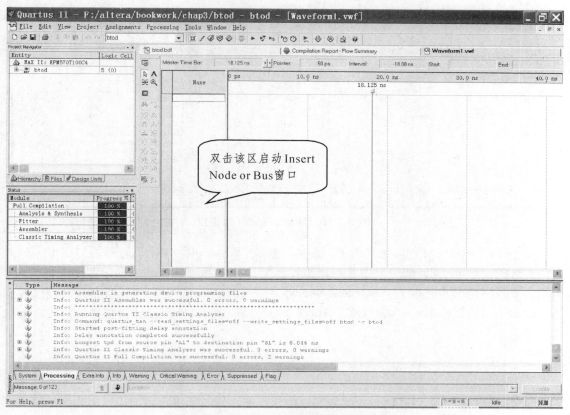

图 3.2.14　新建波形文件编辑窗口

2. 输入信号节点

在波形编辑方式下，执行"Edit"菜单下的"Insert Node or Bus…"（插入节或总线）命令，或在波形文件编辑窗口的"Name"栏中双击鼠标左键，可弹出如图 3.2.15 所示的"Insert

Node or Bus"对话框，单击此对话框中的"Node Finder…"按钮，弹出如图 3.2.16 所示的"Node Finder"（节点发现器）对话框。

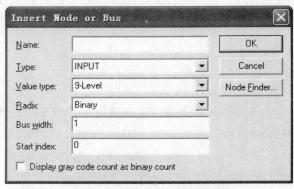

图 3.2.15　输入信号节点对话框

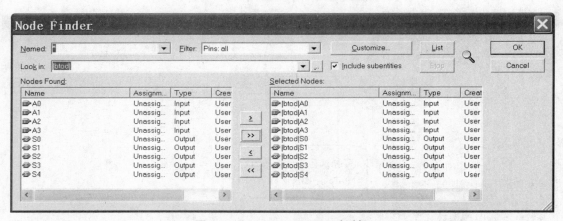

图 3.2.16　Node Finder 对话框

在 Node Finder 对话框的"Filter"栏中，选择"Pins: all"项后，再单击"List"，这时窗口左边的"Nodes Found"框中将列出该设计项目的全部信号节点，设计者可以点"≥"按钮将要观察的节点选择到"Selected Nodes"栏中，也可点"≫"按钮将全部节点选择到"Selected Nodes"栏中。点击"OK"键后，波形逻辑窗口将出现设计者选择的输入、输出波形信号。

3. 编辑输入信号

要看到仿真结果，设计者必须根据测试需要对输入信号赋值，输出信号的逻辑值将由仿真器自动生成。输入信号赋值工具栏提供了对输入信号赋值的一些选择项，如设置该信号为 0（⏚）、1（⌐）、未定 X（✕）、高阻抗 Z（Ｚ）、无关项 DC（✕c）和将现存值反相 INV（INV）、总线计数赋值 C（✕c）、连续时钟（✕）等，如图 3.2.17 所示。对某个输入信号赋值的操作方法是：用鼠标在要赋值的输入信号时间轴上拖拉一段，然后点选赋值选值，则可完成该波形段的赋值。编辑完所有输入信号的赋值后，文件存盘命名 btob.vwf。

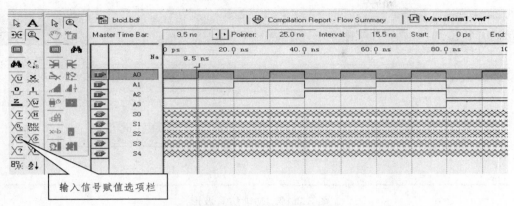

图 3.2.17　输入信号节点

4. 运行仿真器

可以用两种方式对电路进行仿真。最简单的方式是假设逻辑单元和互相连接的线路是理想的，电路中没有任何信号的传播延迟，这种仿真叫做功能仿真（functional simulation）。利用功能仿真可以直观地检查逻辑设计是否满足要求。另外一种仿真考虑了目标器件所有传播延迟，这种仿真称为时序仿真（timing simulation）。下面介绍这两种仿真操作方式。

1）功能仿真

执行"Processing→Simulator Tool"，即可显示如图 3.2.18 所示的窗口，选择"Functional"作为仿真模式。在运行功能仿真前，要先运行 Generate Functional Simulation Netlist（生成网表），然后点击 start 运行功能仿真，结束后点击 Open，显示如图 3.2.19 所示的功能仿真波形图，可看出输出满足代码转换逻辑功能。

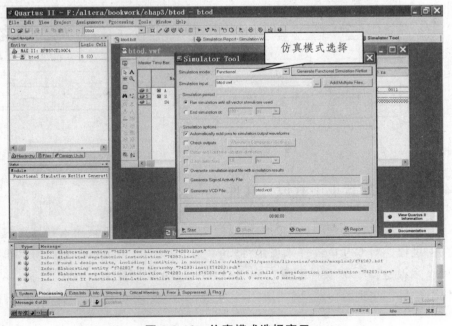

图 3.2.18　仿真模式选择窗口

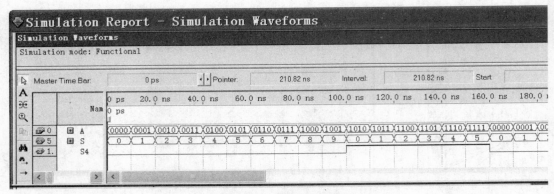

图 3.2.19　功能仿真波形

2）时序仿真

在图 3.2.18 中，选择仿真模式为"Timing"时，运行仿真器，则可得到考虑目标器件信号传输延迟的输出波形，如图 3.2.20 所示，可以用窗口的垂直参照线来确定输出值改变的准确时刻。执行"View→Snap to Transition"，然后移动鼠标就可以将光标与任何波形的跳变沿准确地对齐。如图中竖线所示，点击并且拖拉垂直参照线到"S"值最初变为"1"的点（也可以用键盘的箭头键移动参照线）。Master Time Bar 框内此时显示 15.293 ns，表示在 10 ns 时刻发生的 S_0 的变化过了 5.293 ns 才引起输出 S_0 值的变化。这个结果反映了 EPM570T100C5 的时序特性。

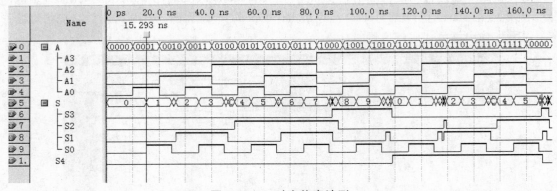

图 3.2.20　时序仿真波形

3.2.4　编程（配置）下载设计文件

编程下载是指将设计处理中产生的编程数据文件通过 EDA 工具输入到具体的可编程逻辑器件中去的过程，对 CPLD 器件来说是将*.pof 文件编程（programming）到 CPLD 器件中去，对 FPGA 来说是将*.sof 文件配置到 FPGA（configing）器件中。下载之前，往往还需要将输入、输出信号指定到器件的具体引脚上，实现电路与外部的连接和测试，引脚锁定后，再执行编程下载。

1．引脚锁定（此步也可在仿真步骤前进行）

用 EDA 方法设计电路的最终结果是得到满足设计要求的硬件电路，因此在将设计下载到目标芯片之前，设计者要根据实验测试或外围电路的需要对芯片的引脚进行指定（引脚锁定），如果芯片在实验开发板上，设计者须查此开发板的可编程芯片与外围电路（如输入信号开关、输出显示）的连接关系（引脚表），再确定设计的输入、输出信号对应的引脚号。本例使用的 EDA 开发板见附录 3，输入 A_1、A_2、A_3、A_4 选择使用开关 4、开关 3、开关 2、开关 1，由附录 3 引脚表，查得这 4 个开关连接到芯片的引脚号分别为 5、4、3、2；输出 S_4，S_3，S_2，S_1，S_0 选择使用发光二极管 D_4、D_3、D_2、D_1、D_0，由引脚表查得对应的芯片引脚号为 57、56、55、54、53。将查得的引脚号锁定到芯片中，则可实现外围电路与信号的连接。

引脚锁定的方法如下：

① 执行主菜单"Assignments"下的"Pins"命令（或按主菜单上快捷键），弹出如图3.2.21 所示的赋值编辑对话框。"Node Name"栏目列出了设计的全部输入和输出端口名。

② 用鼠标双击选中要锁定的信号端口，在"Location"栏中出现下拉菜单，列出了芯片的所有引脚号，设计者按外围需要选择引脚号后，则完成了对该信号的引脚锁定。所有的引脚锁定完成后，存盘并关闭此窗口。

③ 引脚锁定后，还需要对设计文件重新进行编译操作，生成有指定引脚分配的下载文件。

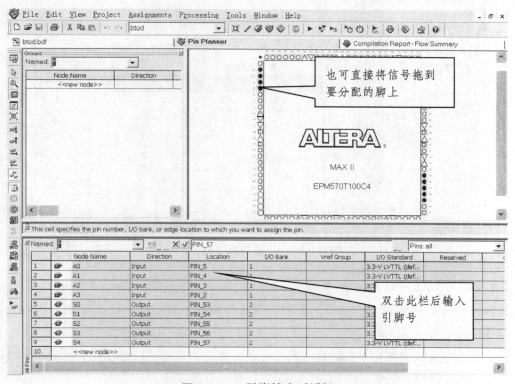

图 3.2.21　引脚锁定对话框

2. 编程下载设计文件

① 将开发板的下载线与计算机相连接（此例是并口下载），并打开开发器电源。

② 硬件设置（首次下载需要此步，若已经设置好硬件，可直接进行下载操作）。

执行主菜单"Tools"中的"Programmer"命令（或按主菜单上快捷键 ），弹出如图 3.2.22 所示的设置编程方式对话框。用鼠标单击"Hardware Setup"按钮，弹出 Hardware Setup 对话框（见图 3.2.22 中部），在此对话框中单击"ADD Hardware"按钮，弹出图 3.2.22 下部所示的对话框，按图中所示选择"ByteBlasterMV"和"LPT1"（其中的"USB-Blaster"USB-0 用于 USB 下载方式）。

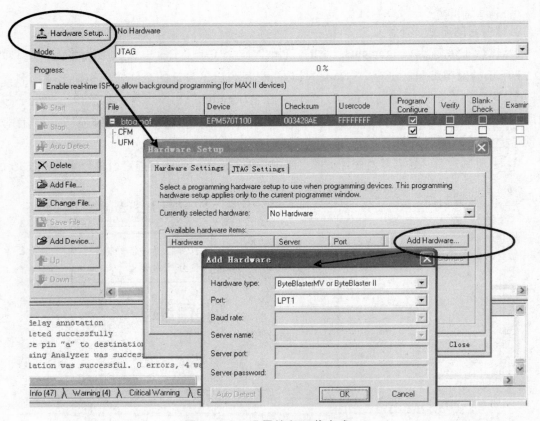

图 3.2.22　设置编程下载方式

③ 下载。用鼠标将"Program/Configure"框中点选成√，并在 Mode 栏内保持 JTAG，点击设置编程对话框中的"Star"按键，软件立即进行设计电路到目标芯片的编程下载。

④ 硬件验证。

将开发板的下载线与计算机断开（先关闭开发板电源）后，再进行开发板的通电测试，设计者可通过开发板对应锁定的输入、输出进行设计验证实验。

3.3 Quartus Ⅱ 文本输入法

本节通过一个简单组合电路的 Verilog 代码的文本文件输入，介绍 QUARTUS Ⅱ 平台的文本输入法，由于设计的其他流程（综合、仿真、编程下载）已在 3.2 节介绍，读者可参考该节的内容完成设计的全流程，所以本节仅介绍设计源文件的输入。

3.3.1 一位全加器的设计实例

例 3.3.1 用文本输入法设计一位全加器。

一位全加器 Verliog 代码如下：

```
module fadder（a, b, ci, sum, co）；   //模块名为 fadder，括号中列出所有端口信号名
input a，b，ci；                     //说明输入信号
output sum，co；                     //说明输出信号
assign sum＝a^b^ci；                 //描述/逻辑方程 sum＝a⊕b⊕ci
assign co＝a&b|a&ci|b&ci；           //描述/逻辑方程 co＝ab＋ac＋bci
endmodule                           //结束程序
```

1. 源文件输入

和图形输入法相同，在开始每一个新的设计时，都要建立项目，具体方法参见 3.2.1 节中"创建一个新的设计项目"的有关内容。新的项目建立后，便可进行电路设计。执行"File→New"，出现如图 3.3.1 所示的窗口，选择 Verilog HDL File，然后点击 OK，打开文本编辑窗口。第一步是指定将要创建的文件名。执行"File→Save As"，弹出如图 3.3.2 所示的对话框。在"保存类型"下拉列表框内选择 Verilog HDL File。在"文件名"下拉列表框内键入 fadder（Quartus Ⅱ 将会添加文件扩展名.v，包含 Verilog 代码的所有文件必须用扩展名.v）。勾选图 3.3.2 中最下面的 Add file to current project 复选框，设置该新文件是当前打开的项目中的一部分，保存该文件。

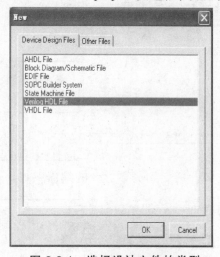

图 3.3.1 选择设计文件的类型

图 3.3.2 创建设计文件名

将本例的 Verilog 代码键入文本编辑器窗口，注意模块的实体名是 fadder，因为 Verilog 模块名必须与设计实体名相同，所以键入的代码应该如图 3.3.3 所示。用"File→Save"或者快捷键"Ctrl+s"保存该文件。

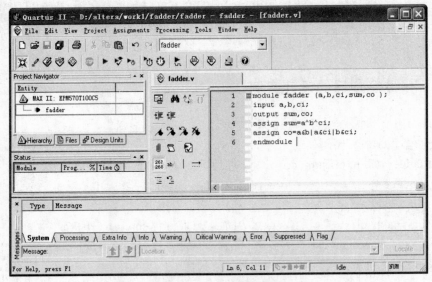

图 3.3.3　文本编辑器窗口

2. 综合设计文件

执行主窗口"Processing"的"Start Compilation"命令（也可以通过点击工具栏上的图标 ▶），启动对 fadder.v 文件进行编译。本例综合过程界面如图 3.3.4 所示。

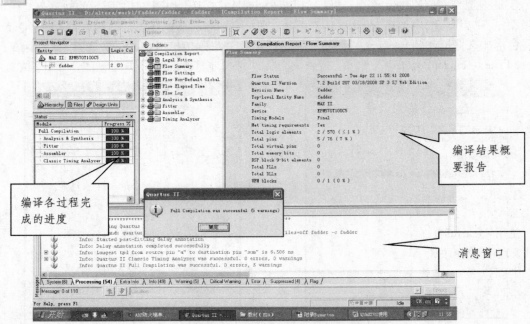

图 3.3.4　编译结果报告

若编译器发现了错误,则所发现的每个错误都有一个对应的消息显示在消息(Messages)窗口。双击该错误消息,将使文本编辑器窗口的 Verilog 代码行中对应的出错语句高亮显示。同样,编译器也可能生成一些警告消息。关于警告消息的细节,也可以用追索错误消息的同样方法找到对应的 Verilog 源代码行。用户可以选定某信息,再按 F1 键,得到关于该错误或者警告消息的更多信息。一般来说,大部分警告信息不影响设计结果。当编译完成时,设计者可从产生的编译报告中,查看综合、适配等结果信息。

如果需要将此文本设计文件生成一个元件符号,供其他文件设计调用(如原理图输入),可以执行"File"菜单下"Create/Update"中的"Create Symbol for Current File"命令。例如,一位全加器的 Verliog 文本设计文件 fadder.v 生成的元件符号如图 3.3.5 所示。

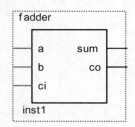

图 3.3.5 一位全加器的元件符号

完成了设计输入和综合后,需要对设计文件进行仿真、引脚锁定、编程下载和硬件验证,这些过程可以参考 3.2.3 及 3.2.4 的介绍,这里不再重复。本例功能仿真波形如图 3.3.6 所示,由图可知其功能仿真结果满足设计要求。

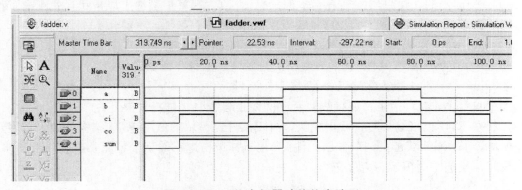

图 3.3.6 一位全加器功能仿真波形

3.3.2 Quartus Ⅱ 的 RTL 阅读器

使用 Quartus Ⅱ 的 RTL 阅读器,可以观察设计源文件(硬件描述语言格式文件、原理图设计文件、宏模块设计文件等)经过软件综合后的 RTL 电路结构,帮助设计者调试和优化设计。下面以 3.3.1 节设计的全加器为例,介绍 RTL 阅读器的功能和使用方法。

执行主菜单"Tools→Netlist Viewers→RTL Viewer"命令,进行 RTL Viewer 运行后显示设计文件的 RTL 电路结构,如图 3.3.7 所示。从 RTL 图可看出综合结果与代码描述的逻辑表达式符合。

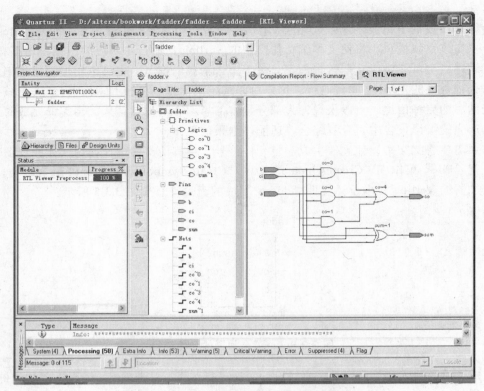

图 3.3.7 全加器 RTL 电路结构图

RTL 阅读器的左边是层次列表（本例只有一层），在每个层次上以树状形式列出了设计电路的所有单元。一般包括以下内容。

① Instance（模块）：指有低层的模块，如 lpm-counter0。

② Primitives（基本元件）：指最低层次的元件，如寄存器和逻辑门。

③ Pins（引脚）：指 I/O 端口，若端口是总线时，可将其展开。

④ Nets（网线）：指电路连接线，若此网线是总线时，可将其展开。

在观察 RTL 电路结构时，双击模块，可以展开此模块的低层 RTL 结构，如果被展开的仍是模块，可以继续双击直到最低层元件。当用鼠标单击电路的某个单元（结合 Shift 可多选）或连线时，被选中的内容将以红色显示，并同时在层次列表中显示。

3.4 Quartus Ⅱ 图形及文件混合输入法

原理图输入方式特别适合于用中规模通用模块来设计电路。但如果电路全用门和触发器来实现，则可能会使电路过于复杂而增加设计难度，并使原理图的绘制很困难、可读性变差，此时若用高级语言来描述系统某些功能会方便些，而使用混合输入方式（层次文件编辑输入法）则更为方便。另外，设计一个数字系统时，往往可以对模块进行科学的划分（系统框图），然后再进行模块设计，这样既可以增强原理图的可读性，又有利于合作设计，因此层次文件输入方式是数字系统设计的最常用输入方式。本节介绍的这种层次设计方式是顶层用原理图，而低层模块可以是由语言描述的文本文件生成的元件（见 3.3.1 节），也可以是由用户的一个逻辑电路图生成的元件符号（见 3.2.2 节），还可以是软件的宏功能模块（见 3.5 节），其要点是将该低层设计定义为一个模块（元件符号），再将这些模块用原理图输入方式连接形成顶层文件（顶层设计）。

本节介绍一种层次文件格式输入实例：顶层为原理图输入方式、低层模块为文本和原理图两种方式。

3.4.1 四位累加法器层次文件设计

例 3.4.1 用例 3.3.1 中所设计的一位全加器作为底层模块，设计一个四位累加器。

设计方法：将四个一位全加器（底层）构成一个四位加法器（第二层），顶层原理图由这四位加法器和一个四位寄存器组成，从而构成四位累加器。具体设计如下。

（说明：此例仅为了对层次文件格式举例，并不是累加器的最简形式）

1. 四位加法器模块设计（adder4.bdf）

此例四位加法器的顶层文件用原理图方式进行编辑，新建项目 adder4，选图形编辑文件后，进入图形编辑器，在用户工作库中（一位全加器设计文件所在的文件夹）找到已设计完成并生成了元件符号的一位全加器的 fadder（见图 3.3.5），调入元件符号，连线并定义信号名，最后完成四位加法器的顶层原理图设计，如图 3.4.1 所示。

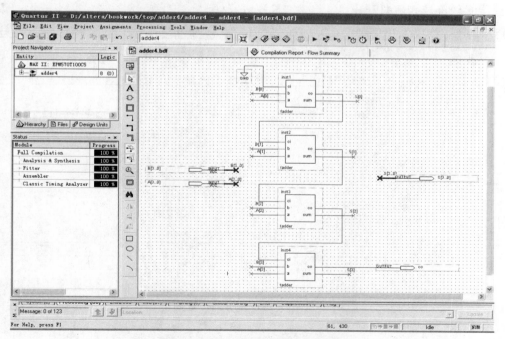

图 3.4.1　四位加法器顶层原理图

注意图中 4 位总线命名规定 A[3..0]；B[3..0]；S[3..0]，对于较为复杂的连线，可通过相同的信号标记名映射连接：如鼠标点中引脚名为 A[3..0]的输入端口右侧引线后输入 A[3..0]，然后分别点中对应要连接的位线后输入各位的信号名（A[0]、A[1]、A[2]、A[3]），便实现了输入A总线与A的各位线的连接。B和S总线用相同的方法映射连接。

运行编译后，生成四位加法器元件符号 adder4。仿真结果如图 3.4.2 所示，由图可知其功能仿真结果满足设计要求。

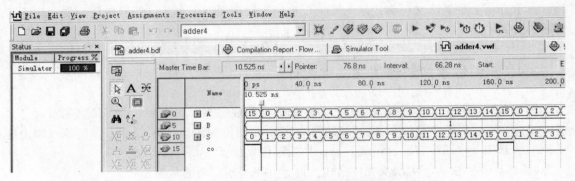

图 3.4.2　四位加法器仿真波形图

2. 四位寄存器模块设计

此例中四位寄存器用原理图方式进行编辑（文件取名 reg74178.bdf），在同一文件夹中新建项目 reg74178，选图形编辑文件后，进入图形编辑器，调用 maxplus2 库元件 74178 寄存器，连线并定义信号名，完成四位寄存器的原理图设计，如图 3.4.3 所示。运行编译后，生成四位寄存器元件符号 reg74178。

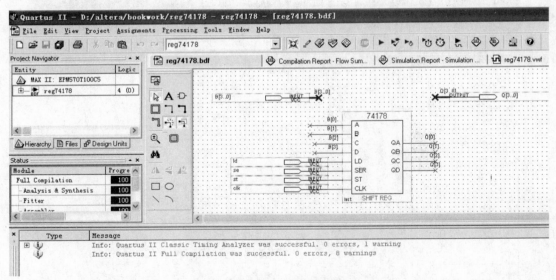

图 3.4.3　四位寄存器原理图

3. 四位累加器设计

新建顶层项目 top，注意要将此项目的所有已完成的设计文件（fadder.v，adder4.bdf，(reg74178.bdf）添加到项目中，选图形编辑文件后，进入原理图编辑区进行四位累加器的顶层设计，顶层文件取名为 top，调入已设计的四位加法器和一个四位寄存器，连线并定义信号名，完成四位累加器的顶层原理图设计，如图 3.4.4 所示。

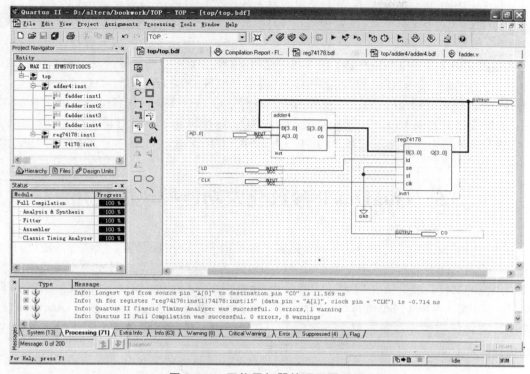

图 3.4.4　四位累加器的顶层原理图

在此窗口左边 Project Navigator 下可以看出文件的层次结构。该例有三层：顶层 top；第二层有两个模块——adder4 和 reg74178；第三层也即底层——fadder 和 74178。设计者在原理图编辑窗口中用鼠标双击要观察的模块，可以进入这个模块的源文件。

完成了设计输入、编译后，需要建立仿真波形文件对设计进行功能和时序仿真（这些过程可以参考 3.2 节图形输入法中的相关内容叙述，这里不再重复）。本例仿真波形如图 3.4.5 所示，由图可知其功能仿真结果满足累加器功能（在时钟作用下，输出值 Q 为现态加输入信号 A 的值）。

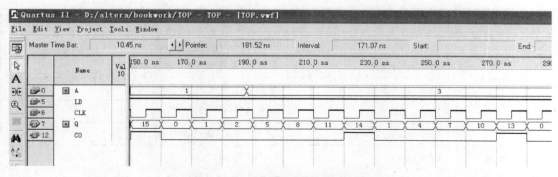

图 3.4.5　四位累加器仿真波形图

3.4.2　四位累加器实验

要进行通电测试，首先要根据所使用的开发板的外围连接关系对设计进行引脚锁定，然后再进行下载（见 3.2.4 节），本例使用的 EDA 开发器见附录 3，输入 LD、A0、A1、A2、A3 选择使用开关 1、开关 2、开关 3、开关 4、开关 5，由附录 3 中引脚表查得这几个开关分别连接到芯片的 2、3、4、5、6 引脚；输入时钟信号 CLK 选择使用开发板的时钟组 0（GCLK0），引脚号为 12；输出 Q0、Q1、Q2、Q3、CO，使用开发板 D0、D1、D2、D3、D4 显示，引脚号分别为 53、54、55、56、57。将查得的引脚号锁定到芯片中，再运行综合。对器件编程下载后，用导线将开发器 CLK1 的输出插孔与 P12 插孔短接（将时钟信号接入到芯片引脚 12），在 PCLK1 时钟组中用短路子短接 PULSE（单脉冲），手动一次 ST 按键，即累加一次 A 值。

3.5　Quartus Ⅱ 参数化宏功能模块的使用

为方便设计及节约设计时间，Altera 提供了现成的宏功能模块资源，这些功能模块可以提供更有效的逻辑综合和器件实现，设计者只需通过设置参数便可方便地将宏功能模块定制为不同大小规模的器件，宏模块有 LPM（Library Parameterized Megafunction）、MegaCore（如 FFT，FIR）和 AMPP（Altera Megafunction Partners Program）功能。这些模块可以在 Quartus Ⅱ 设计文件中与逻辑门和触发器基本单元一起使用。在本节中，通过讲解 ROM 的定制和三角波发生器设计实例，使读者了解宏模块的应用步骤。

3.5.1　常用参数化宏模块介绍

通过运行 MegaWizard Plug-In Manager 向导，可以为自定义宏功能模块变量设置参数和部分端口数值设定选项，向导的启动可以从 Tools 菜单→MegaWizard Plug-In Manager 启动或在原理图编辑区选 Megafunctions 元件库（见图 3.2.10），该元件库下有 arithmetic、gates、IO、storage 四大类，表 3.5.1 列出了部分常用的参数化宏模块功能说明。（注：不同型号的器件，所支持的参数化模块有所有不同，用户在使用时要先选定器件型号。）

表 3.5.1　Megafunctions 功能说明

类　型	名　称	功能说明
Arithmetic（运算元件）	Lpm_abs	参数设置的绝对值模块
	Lpm_add_sub	参数设置的加法/减法模块
	Lpm_compare	参数设置的比较器模块
	Lpm_counter	参数设置的计数器模块
	Lpm_mult	参数设置的乘法器模块
Storage（存储元件）	Lpm_rom	只读存储器
	Lpm_dff	参数设置的 D 触发器

类 型	名 称	功能说明
Storage （存储元件）	Lpm_latch	参数设置的锁存器
	Lpm_ram_dq	双口随机存取存储器
	Lpm_ram_io	单口随机存取存储器
	Lpm_fifo	先入先出存储器
Gate （门）	Lpm_and	参数设置的与门
	Lpm_bustri	参数设置的三态门
	Lpm_clshift	参数设置的组合移位模块
	Lpm_decode	参数设置的译码器（二进制、七段）
	Lpm_inv	参数设置的反相器
	Lpm_mux	参数设置的多路选择器
	Lpm_or	参数设置的或门
	Lpm_xor	参数设置的异或门
IO	Altufm_osc	内部振荡器
	altpll	内部锁相环模块

3.5.2　ROM（只读存储器）的定制

在数字系统中，ROM 可实现存储数据、代码转换、运算查表。下面以 64 点的正弦数据的定制为例，介绍 ROM 宏模块的使用方法。

1. 建立.mif 格式文件

在定制 ROM 元件之前，设计者应准备好 ROM 数据，即建立一个存储器初值设定文件（称为.mif 格式文件），操作如下：

① 执行"File"菜单下的"New"命令，在 Other file 选项页中选中"Memory initialization file"（存储器初值设定文件），便进入了存储器初值文件编辑过程，此时弹出如图 3.5.1 所示的字数与字长对话框，设计者可按需要进行选择。由于是 64 点，因此 Number of words 选 64，Word size 选 8，单击"OK"后，进入存储器初值编辑区，如图 3.5.2 所示。

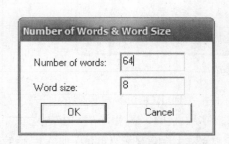

图 3.5.1　ROM 字数与字长设置对话框

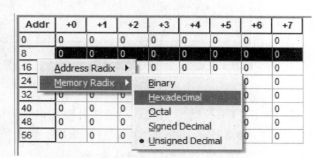

图 3.5.2　ROM 数据编辑对话框

在初值编辑界面中，用鼠标右键单击某个单元，弹出地址进制（Address Radix）和存储器内容进制（Memory Radix）选择菜单，本例选择地址进制为十六进制（Hexadecimao），存储器内容进制为无符号十进制（Unsigned Decimal）。

② 编辑存储器内容。设计者可直接输入每个存储单元中的数据，正弦波数据如图 3.5.3 所示。完成存储器全部数据编辑后须对文件按.mif类型保存，本例为 mywave.mif。

Addr	+0	+1	+2	+3	+4	+5	+6	+7
0	255	254	252	249	245	239	233	225
8	217	207	197	186	174	162	150	137
16	124	112	99	87	75	64	53	43
24	34	26	19	13	8	4	1	0
32	0	1	4	8	013	19	26	34
40	43	53	64	75	87	99	112	124
48	137	150	162	174	186	197	207	217
56	225	233	239	245	249	252	254	255

图 3.5.3　64 点正弦数据对话框

2. 定制 ROM 元件

利用 MegaWizard Plug-In Manager 定制正弦信号数据 ROM 的步骤如下：

① 在原理图编辑窗的 megafunctions 元件库中选"storage"的"lpm_rom"元件，弹出 ROM 元件窗，如图 3.5.4 所示。设计者可在以后的操作中设置需要的输入及输出端口。

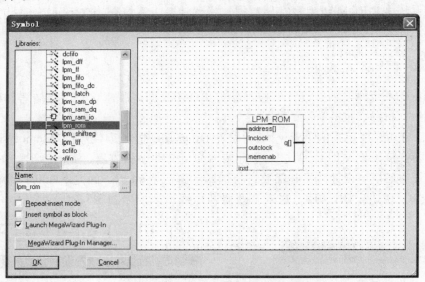

图 3.5.4　ROM 元件窗

② 单击"OK"键后完成对输出文件类型的保存，并进入到 ROM 参数设置的下一个对话框，如图 3.5.5 所示。在此例中，设置 ROM 位数为 8，字数为 64，采用单时钟控制方式。完成此页设置后单击"Next"，进入对 ROM 的时钟使能（clken）和清除（aclr）输入控制的设置，本例设计不选择。

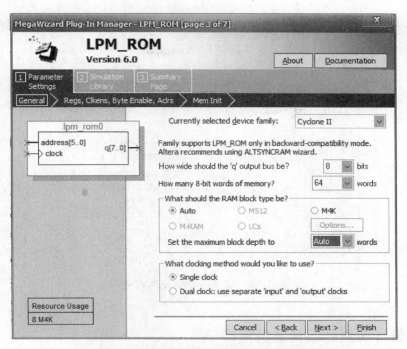

图 3.5.5　ROM 位数及时钟控制设置对话框

③ 完成此页设置后单击"NEXT"按钮，进入 ROM 数据文件路径设置页，如图 3.5.6 所示。其中，选中"Alow In-System Memory…"表示 Quartus Ⅱ 能通过 JTAG 口对 ROM 进行在线测试和读写。

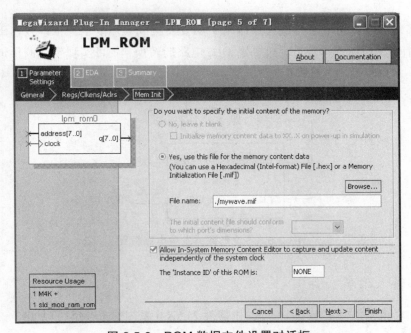

图 3.5.6　ROM 数据文件设置对话框

④ 继续点击"NEXT"直到生成 ROM 元件，如图 3.5.7 所示，至此已完成了原理图中 ROM 元件的设计。设计者可再根据设计需要完成后续总体原理图的输入。

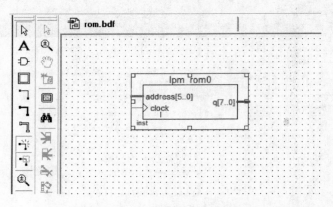

图 3.5.7　定制 ROM 元件符号

3.5.3　设计实例：三角波发生器

本小节以三角波发生器设计为例，介绍计数器宏功能模块的使用方法。

例 3.5.1　用 LPM_COUNTER 宏模块设计一个三角波发生器。

1．设计原理

三角波形发生器可由一个可逆计数器和 T′触发器构成波形数据发生部分，在时钟的作用下，计数器输出加/减循环计数，经过外围 D/A 电路的转换，则可实现模拟波形输出。波形数据发生电路原理框图如图 3.5.8 所示。

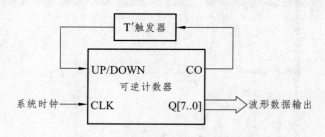

图 3.5.8　波形数据发生电路框图

2．编辑输入顶层文件

首先建立项目，本例取名 twave，并选器件 MAXⅡ系列的 EPM570T100C5，新建原理图文件（具体过程参见 3.2.1 节），进入原理图编辑区。

1）定制可逆计数器

在原理图编辑窗的元件库 megafunctions 中选"arithmetic"的"lpm_counter"（计数器）元件，弹出计数器元件选择窗，如图 3.5.9 所示。LPM 是参数化的多功能块，每种元件都具有许多端口和参数，用户可通过参数设置选用设计需要的端口。如本例仅需要时针和数据输出端口，可通过继续以下操作来完成。

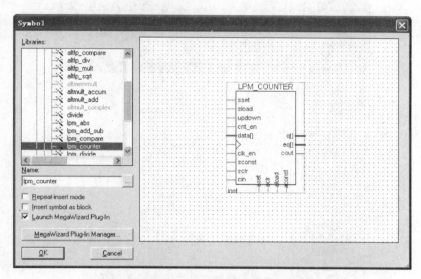

图 3.5.9　lpm_counter 元件窗

选定计数器元件后，单击"OK"按钮，出现如图 3.5.10 所示的对话框，在该框中选择输出文件类型后单击"Next"按钮，进入计数器参数设置的各页。

首先，设置计数器位数及加/减方向，选位宽为 8，计数方向为加/减，如图 3.5.11 所示。

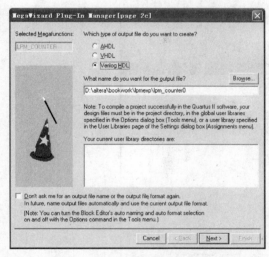

图 3.5.10　MegaWizard Plug-In Manager 对话框

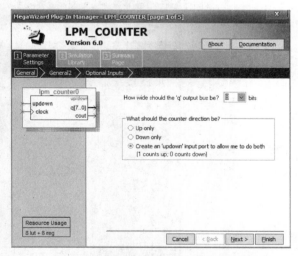

图 3.5.11　计数器位数及方向设置对话框

点击图 3.5.11 中的"Next"按钮，进入计数器进制选择窗，在该窗还可选择计数器使能、进位输出等端口，如图 3.5.12 所示。在此对话框中有"Plain binary"（二进制）、"Modulus with a count modulus…"（任意进制）两个进制选项；也可增加一些输入、输出端口，如"Clock Enable"（时钟使能）、"Carry-in"（进位输入）、"Count Enable"（计数器使能），本例只需选中"Carry-out"（进位输出）。

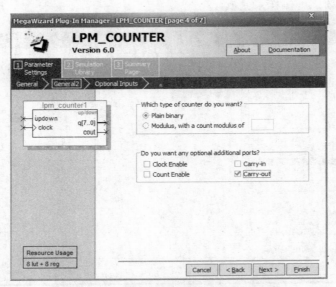

图 3.5.12　计数器进制与计数方向设置对话框

完成计数器进制与计数方向设置后单击"Next"按钮，进入计数器控制输入选择对话框，如图 3.5.13 所示。此页用于为计数器添加同步（Synchronous）或异步（Asynchronous）输入控制端，如"Clear"（清零）、"Load"（预置）、"Set"（置位）等。

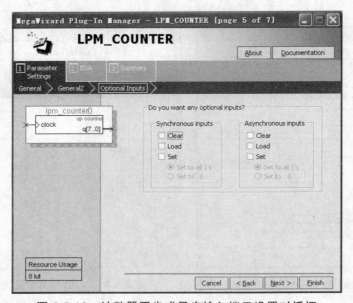

图 3.5.13　计数器同步或异步输入端口设置对话框

若不用这些端口，可直接单击"Next"按钮，进入定制计数器结束页对话框，如图 3.5.14 所示。单击"Finish"按钮，完成参数化计数器所有设置，生成定制的可逆计数器元件符号如图 3.5.15 所示。

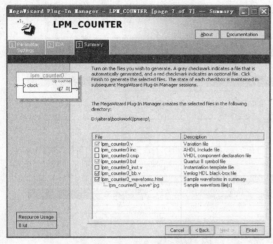

图 3.5.14　定制计数器结束页　　　　　　　图 3.5.15　可逆计数器元件符号

2）编辑顶层原理图文件

按图 3.5.8 所示，在设计原理图中加入由 JK 触发器构成的 T'触发器，与定制的可逆计数器 lpm_counter0 连接，完成波形数据发生器顶层原理图设计，如图 3.5.16 所示。在主窗口 Project Navigator 下的 Entity 中可看到项目 tware 下底层元件：Lpm_counter0：inst。

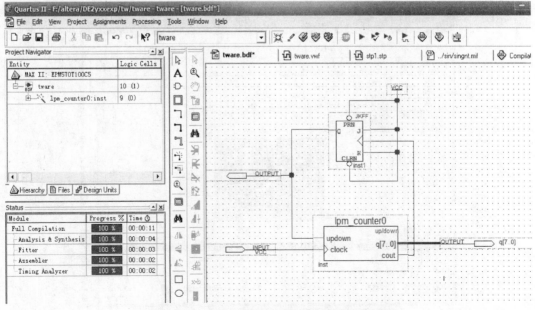

图 3.5.16　三角波波形数据发生器顶层原理图

3. 综合与仿真

对顶层设计文件进行全编译后，建立仿真波形文件，其功能仿真结果如图 3.5.17 所示。

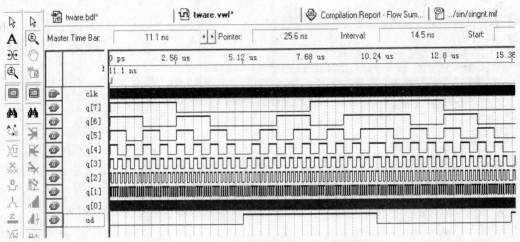

图 3.5.17 三角波波形数据发生器仿真结果

4. 器件最大工作频率分析

Quartus Ⅱ 的时序分析工具（Timing Analyzer Tool）可以给出设计电路的理论最大频率及时延等速度指标，可指导设计者确定器件是否满足设计需要的工作频率环境。具体使用方法是：在主菜单中的"Processing"下，选择"Timing Analyzer Tool"，点击"Start"，得到各指标。本例的时序分析结果见图 3.5.18，图示最大频率为 87.47 MHz。

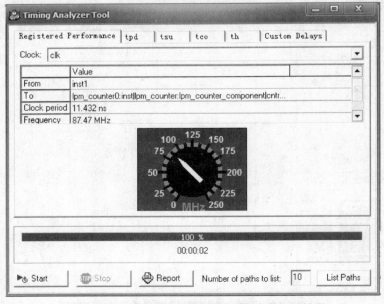

图 3.5.18 三角波波形数据发生器时序分析结果

5. 引脚锁定及下载

1）引脚锁定

实验选用 MFB-5 型实验器（参见附录 3），本设计只有时钟输入 clk，计数器输出 q[7]～q[0]接实验器 D/A0 的 8 位输入。由附表 3.1 可查得时钟输入引脚号为 P12；DAC0 的 8 位四输入对应的引脚号（由高到低位）分别为：P96，P95，P92，P91，P89，P87，P86，P85。按照 3.2.4 节方法，锁定设计文件引脚号，再次全编译后，进入下载窗口将设计下载到器件上。至此，完成了三角波发生器的设计。

2）实　验

（1）时钟接入。可以将外部时钟源接至 P12 插口，也可用实验器主板提供的时钟组，本例选 6 MHz。用导线短接 P12 与 CLK1 插口（三角波频率为时钟频率/512 Hz）。

（2）实验器设置。

① 启动系统，打开 LCD_EN 开关，用实验器主板功能键设置进入 ADC/DAC 实验，选择高速模式。

② 示波器探头插接实验器模拟信号接线排柱的 1-DAC0 口（调 R_{W1} 可调节三角波幅度值），示波器显示三角波输出如图 3.5.19 所示。

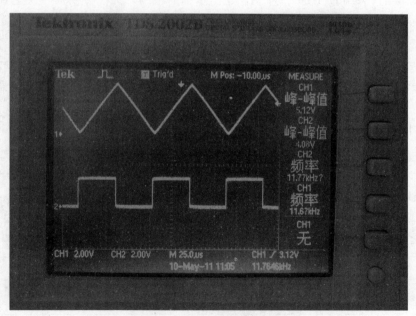

图 3.5.19　三角波测试波形

第4章 Verilog HDL 简介

4.1 概 述

Verilog HDL 是一种广泛使用的硬件描述语言，它可以抽象描述数字电路的行为和结构，支持数字系统层次化设计，由 EDA 工具再将它转换成所描述电路的硬件实现，Verilog 代码的许多语句与 C 语言类似，所以它易学易用。

本章中，我们分几个阶段来介绍 Verilog HDL。总的原则是只介绍设计示例所涉及的 Verilog 特定语法现象，试图通过简单、典型的完整 Verilog 设计示例，使读者在只有数字电路基础知识的条件下，能快速学习和使用 Verilog HDL 设计数字逻辑电路。当然，复杂的数字逻辑系统的设计和验证，不但需要系统结构的知识和经验的积累，还需要了解更多的语法现象和掌握高级的 Verilog HDL，这些已超出本书的范围。为了方便读者快速查阅本章示例所引出的 Verilog 语句及代码结构，所举示例汇总如表 4.1.1 所示。

表 4.1.1 第 4 章 Verilog 示例

例号	电路名称	例题实体名	相关语句	注
4.2.1	一位数值比较器	compare_g	门级的逻辑图描述： and or not	4.2.1 节
4.2.2		compare	逻辑表达式描述： Assign 操作符	
4.2.3		compare1	条件操作符：?	
4.2.4	BCD 七段译码器	decode4_7	真值表描述： Always，case，数据类型，数组，begin end	4.2.2 节
4.2.5	四选一多路选择器	mux4to1	真值表描述： case，位拼符{}使用	
4.2.6	3-8 线译码器	Decode3to8	for 语句，if-else	4.2.3 节
4.2.7	7 人表决器	voter	for 语句，if- else，电路内部变量的引入	
4.3.1	异步清零 D 触发器	dff1	时钟边沿触发语句，异步清零	4.3.1 节
4.3.2	同步清零 D 触发器	dff2	时钟边沿触发语句，同步清零	
4.3.3	n 位寄存器	regter	位宽参数可调：parameter	
4.3.4	n 位二进制可置数加法计数器	count	parameter，多重条件句	
4.3.5	两位十进制加法计数器	cntbcd2	异步时序，电路内部信号引入	4.3.2 节

例号	电路名称	例题实体名	相关语句	注
4.3.6	摩尔状态机格式	mstate	状态定义，case	4.3.3 节
4.3.7	计数译码型状态机格式	mstate1	If- else，case	
4.4.1	时序电路的非阻塞赋值示例一	nblock	赋值：=	4.4.2 节
4.4.2	时序电路的阻塞赋值示例一	block	赋值：< =	
4..4.3	时序电路的非阻塞赋值示例二	Nblock1	赋值：=	
4..4.4	时序电路的阻塞赋值示例二	Block1	赋值：< =	
4.4.5	数字秒表设计	sount	VerilogHDL 层次文件、宏模块 Verilog 定制	4.5 节

4.2　用 Verilog 描述组合逻辑电路

组合逻辑电路的描述可以有多种形式。其中一种是用编写 Verilog 代码的方式表示出逻辑门的连接关系（逻辑电路图），这种方式是实际电路的真实描述，也称为门级描述；另一种是用 Verilog 代码表示出逻辑电路的功能行为，如逻辑表达式、真值表或高级一些的 Verilog 行为描述语句，称之为行为描述。

4.2.1　门级描述及逻辑表达式描述

以下例 4.2.1 和例 4.2.2 为实现一位数据比较器的两种代码形式。

例 4.2.1　一位数值比较器的门级描述 Verilog 代码。

module compare_g (a, b, a_gt, a_eq, a_lt);　//模块名为 compare，括号中列出所有端口信号名

input a, b;　　　　　　　　　　　　　//说明输入信号
output a_gt, a_eq, a_lt;　　　　　　　//说明输出信号

and (a_gt, ~b, a);　　　　　　　　//与门（and）给出 a_gt = $a\bar{b}$ 关系
nor (a_eq, a_gt, a_lt);　　　　　　//或非门（nor）给出 a_eq = $\overline{a\bar{b} + \bar{a}b}$ 关系
and (a_lt, ~a, b);　　　　　　　　//与门（and）给出 a_lt = $\bar{a}b$ 关系

endmodule

例 4.2.1 描述的是一个可综合的数据比较器，图 4.2.1 是此描述对应的输入/输出端口图和逻辑电路图，图中 a 和 b 分别是两个一位的数据输入，a_gt、a_eq、a_lt 分别代表 a 大于 b、a 等于 b、a 小于 b 的比较结果。

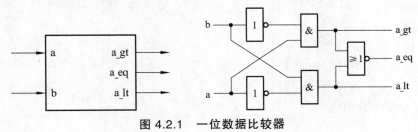

图 4.2.1　一位数据比较器

从以上代码可知，当逻辑电路结构复杂时，只使用门级描述较麻烦，且要求设计者已完成了逻辑图的设计（底层）。

例 4.2.2　一位数值比较器的逻辑表达式描述代码。

```
module   compare (a_gt, a_eq, a_lt, a, b);
input    a, b;
output   a_gt, a_eq, a_lt;
assign   a_gt＝a&~b;              //描述逻辑表达式 a_gt＝ab̄
assign   a_eq＝a&b|~a&~b;         //描述/逻辑表达式 a_eq＝ab＋ā b̄
assign   a_lt＝~a&b;              //描述逻辑表达式 a_lt＝āb

endmodule
```

由上两例可以看出：

1．Verilog 程序的基本组成

（1）以关键字 module 引导，以 endmodule 结尾，说明程序是由模块构成。每个模块首先要进行端口定义，并说明输入（input）和输出（output）对应的各信号，然后对模块内容进行描述。描述可以有不同风格（门级、行为级、功能级等），如例 4.2.2 采用逻辑表达式描述（功能）。

（2）Verilog 程序允许一行写几个语句，一个语句也可以分多行写，除了 endmodule 等关键字外，每个语句的最后必须有分号。

（3）可以用//…对程序任何部分作注释。一个完整的源程序应当加上必要的注释，以增强程序的可读性和可维护性。

2．相关语法说明

1）用 assign 语句描述组合逻辑

如：assign　a_eq＝a&b|~a&~b;

这种方法的句法很简单，只需写一个"assign"，后面再加一个由运算符"＝"表示的方程式即可。Assign 语句用于对组合逻辑进行赋值，用来描述组合电路一旦其输入发生变动输出也随之而改变，称之为连续赋值方式。

2）运算符

Verilog 运算符按功能分包括以下几类：算术运算符、逻辑运算符、关系运算符、缩减运算符、条件运算符、位运算符、移位和拼接运算符。按运算符所带的操作数个数来区分，可分为以下 3 类：

- 单目运算符，带 1 个操作数；
- 双目运算符，带 2 个操作数；
- 三目运算符，带 3 个操作数。

表 4.2.1 列出了 Verilog 常用运算符的定义。

表 4.2.1　运算符

类型	符号	完成的操作	说　　明	操作数目数
算术	+	加		2
	-	减		2
	*	乘（常数或乘数是2的整数次幂数）		2
	/	除（常数或乘数是2的整数次幂数）		2
	%	求余（常数或右操作数是2的整数次幂数）	如 9%4 值为 1，6%3 值为 0	2
逻辑	&&	逻辑与　　AND		2
	||	逻辑或　　OR		2
	!	逻辑非　　NOT		1
按位	~	按位取反 NOT	两个不同长度的数据进行位运算时，会自动按右端对齐，位数少的数在高位补 0	1
	&	按位与　　ANG		2
	|	按位或　　OR		2
	^	按位异或 XOR		2
	^~或~^	按位同或 NXOR		2
关系	<	小于	结果为 1 位，真为 1，假为 0；若 a = 110x01，b = 110x01，则 a = = b 时结果为不定值 x，而 a = = = b 结果为 1	2
	<=	小于等于		2
	>	大于		2
	>=	大于等于		2
	= =	等于		2
	!=	不等于		2
	= = =	全等于		2
	! = = =	全不等于		2
缩减	&	缩减 AND	与位运算法则一样，但缩减运算针对单个操作数运算，如一个四位操作数 $a = a_3a_2a_1a_0$ 则 $\&a = a_3\&a_2\&a_1\&a_0$；奇偶校验函数 $f = \^a = a_3\oplus a_2\oplus a_1\oplus a_0$。	1
	~&	缩减 NAND		1
	|	缩减 OR		1
	~|	缩减 NOR		1
	^	缩减 XOR		1
	^~或~^	缩减 NXOR		1
移位	>>	右移	A>>n 或 A<<n，表示把 A 右移或左移 n 位。例如，若 A = 11011，则 A>>2 的值为 00110	2
	<<	左移		2
拼接	{}	将两个或多个操作数（或其中位）拼成一个多位数	用法：{信号 1 的某几位，信号 2 的某几位，……，信号 n 的某几位}，即将这些操作数的各位拼接在一起构成一个多位数。例如，将 1 位全加器的进位 co 及和 sun 拼接在一起使用，可以简化全加器表达式：{co, sum} = ina + inb + cin	任意个
条件	? :	信号 = 条件? 表达式 1: 表达式 2；当条件成立时，取表达式 1 的值，反之取表达式 2 的值。	可嵌套，如 4 选 1 数据选择器，选择输入信号为 sel1（高位），sel0（低位）：assign out = sel1?（sel0? i4: i3）:（sel0? i2: i1）；	3

我们可以利用条件算符改写例 4.2.2 为例 4.2.3 的形式，它们综合出来的电路功能是相同的，但后者对设计者门级知识要求低。

例 4.2.3 一位数值比较器的条件符形式。

```
module   compare1 (a_gt, a_eq, a_lt, a, b);
input    a, b;
output   a_gt, a_eq, a_lt;
assign   a_gt= (a>b) ? 1: 0;
assign   a_eq= (a= =b) ? 1: 0;
assign   a_lt= (a<b) ? 1: 0;
endmodule
```

4.2.2 真值表描述

组合电路除了可以采用例 4.2.2 所示的逻辑表达式描述外，很多情况下用真值表形式来描述更为方便，如一些代码转换的设计。在 Verilog 中可以用多分支条件语句（case）实现此类设计。例 4.2.4 实现 BCD 码-七段译码器，输入信号 indec 为 4 位 BCD 码，输出信号 codeout 为 7 位（a～g 段）。

例 4.2.4 BCD 码-七段译码器

```
module  decode4_7 (codeout, indec);
    input[3: 0]    indec;        //说明数组宽度为 4 位的输入信号
    output[6: 0]   codeout;      //说明数组宽度为 7 位的输出信号

    reg [6: 0]     codeout;      //说明输出变量数据类型

    always @ (indec)             //用 always 块语句描述逻辑
    begin
      case (indec)
      4'd0: codeout= 7'b1111110;  //完成代码转换描述（列表）
      4'd1: codeout= 7'b0110000;
      4'd2: codeout= 7'b1101101;
      4'd3: codeout= 7'b1111001;
      4'd4: codeout= 7'b0110011;
      4'd5: codeout= 7'b1011011;
      4'd6: codeout= 7'b1011111;
      4'd7: codeout= 7'b1110000;
      4'd8: codeout= 7'b1111111;
      4'd9: codeout= 7'b1111011;
      default:     codeout= 7'bx;  //说明其他输入情况的输出取值
      endcase
    end
endmodule
```

由此例我们引出了数据类型及常量、变量，always 块及多分支条件语句 case，下面我们对它们加以简要介绍。

1.数据类型及常量、变量

1）常量

（1）整数。

Verilog 整数型常量有 4 种进制表示形式：十进制（进制标志为 d 或 D）、十六进制（进制标志 h 或 H）、八进制（进制标志 o 或 O）和二进制（进制标志 b 或 B）。

其书写格式为：

<位宽><进制标志><数字>

4'd0　　　　//位宽为 4 的十进制数 0（十进制可以缺省位宽和进制标志，在例 4.2.4 中，

　　　　　　　　4'd0 也可直接写为 0）

7'b1111110　//位宽为 7 的二进制数 1111110

（2）x 和 z 值。

x 表示不定值，z 代表高阻值。

（3）参数 parameter。

参数语句允许设计者给常量起一个名字，其典型应用是定义数据的宽度和状态符号，在程序中任何可以使用字母之处都可以使用参数，参数定义的句法为：

　　　　Parameter　参数名 1＝表达式，参数名 2＝表达式，参数名 3＝表达式，…；

如：parameter datawidth＝8，addrwidth＝datawidth＋2；（实现参数可调的设计）

　　parameter　s0＝0，s1＝1，s2＝2，s3＝3，s4＝4；　　　　　（对状态编码）

2）变量

Verilog 中变量的物理数据类型分为线型（wire type）和寄存器型（register type）两种。线型变量指输出始终根据输入的变化而更新的变量，它一般指的是硬件电路中的各种物理连接线。寄存器型变量对应的是具有状态保持作用的元件，如触发器、寄存器等。在设计中必须将寄存器型变量放在过程块中（如 always），也正是因为在 always 块内被赋值的每个信号都必须定义成寄存器型的变量，所以用 always 设计组合电路时输出信号也会被定义成寄存器型（如例 4.2.4 中 codeout），而实际上综合出的是组合电路。

在 Verilog 程序端口定义段需要对变量类型进行声明（如例 4.2.4），类型缺省时则自动定义为 wire 线型，位宽定义缺省时为 1 位变量。

数组格式如下：

　　wire[n-1：0] 变量名 1，变量名 2…变量名 m；　　　//m 个 n 位线型变量

　　reg 变量名 1，变量名 2…变量名 m；　　　　　　　//m 个 1 位寄存器型变量

　　reg[n-1：0] 变量名 1，变量名 2…变量名 m；　　　//m 个 n 位线寄存器型变量

向量可按以下方式使用：

　　wire[7：0]　a，b；

　　assign　b＝a；

也可使用其中某些位进行赋值：

    wire[7：0]　y；

    wire[3：0]　i；

    assign y[7：4]＝i；

2. always 块语句

always 块语句可用于描述各种逻辑(常用于时序逻辑)，Verilog 设计可以包括几个 always 块，每个 always 块描述电路的一部分，在 always 块内的语句，只能用顺序语句（如 if-else，case，for 等）。

格式如下：

always @（敏感事件）

    begin

    内部变量说明；

    顺序语句；

    end

敏感事件分为两种：变量和边沿触发事件。

组合电路的敏感事件一般是输入变量，即输入变量发生变化时，启动块内语句执行；时序电路的敏感事件一般是边沿触发事件，即用关键字 posedge （上升沿）和 negedge（下降沿），使用方法见下节时序电路实例。

always 结构块中大部分控制语句与传统的编程语言（如 C 语言）相似，Verilog 语言与 C 语言之间最大的区别在于 C 语言中的括弧{}在 Verilog 中用 begin 和 end 代替，而在 Verilog 中，括弧{}是拼接运算符。在 always 块中，若有多条语句或多个表达式时，则需要加 begin 和 end，如：

begin　语句 1；语句 2；… end

3. case 多分支条件语句

case 条件语句是顺序语句，必须放在 always 块内。它是一种多分支条件句，故多用于条件译码电路，如描述译码器、数据选择器、状态机及微处理器指令译码等。

case 语句格式如下：

case（敏感表达式）

值 1：语句 1；（若在一个取值下有多个表达式，则需要加 begin 和 end）

值 2：语句 2；

……

值 n：语句 n；

Default：语句 n＋1；　　　　//可选语句

endcase

当敏感表达的值为 1 时，执行语句 1；值为 2 时，执行语句 2；依此类推，如果敏感表达式的值与列出的值都不同时，则执行 default 后面的语句，达到有效控制转移的作用。

例 4.2.5　用真值表描述四选一多路选择器。

四路输入信号为 a，b，c，d，两路控制输入信号为 s1，s0，输出信号为 out。Verilog 代码如下：

```verilog
module mux4to1 (a, b, c, d, s1, s0, out);
input        a, b, c, d;
input        s1, s0;
output  reg  out;
always @ (s1, s0)
case ({s1, s0}) //此处使用拼接运算符将两个输入信号拼接为一个 2 位的数组，以方便书写
  0: out=a;
  1: out=b;
  2: out=c;
  3: out=d;
  endcase
  endmodule
```

4.2.3　for 循环语句与 if-else 条件句

1. for 循环语句

若设计电路的行为有循环规律性，则该电路的描述可以用 for 循环语句来定义。

for 语句格式如下：

for （循环变量初值；循环变量终值；循环变量步长）

循环控制变量必须是整数型的（integer）。下面用几个实例说明 for 语句的使用。

例 4.2.6　3-8 线译码器。

```verilog
module decode3to8  (incode, outcode);
input[2: 0]        incode;
output reg [7: 0]  outcode;
integer         i;        //定义循环变量为整数型
always @ (incode)
for (i=0; i<=7; i=i+1)
    if (incode= =i)
         outcode[i]=1;
    else   outcode[i]=0;

    endmodule
```

该代码的 Quartus Ⅱ 功能仿真波形如图 4.2.2 所示。

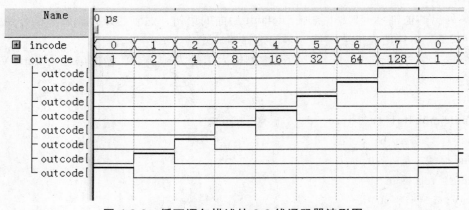

图 4.2.2　循环语句描述的 3-8 线译码器波形图

说明：

① 3-8 线译码器也可以用真值表形式直观描述（见例 4.2.4）。

② 本节引出的顺序条件句 if-else 语句，是 always 块中最常用的条件句。

2. if-else 条件语句

If-else 条件语句和 case 多分支条件语句一样，都是顺序语句，只能用在 always 块内，使用方法有以下 3 种：

（1）if（表达式）　语句 1；

（2）if（表达式）　语句 1；　else 语句 2；

（3）if（表达式 1）　语句 1；

　　　else if（表达式 2）语句 2；

　　　……

　　　else if（表达式 n）语句 n；

　　　　else　语句 n+1

if 条件中的表达式，可以是一位变量，也可以是关系表达式或逻辑表达式。系统对表达式的值进行判断，若为 0、x、z 值，按"假"处理；若为 1，按"真"处理，执行后面的语句，语句可以是一条，也可以是多条，多条时用"begin end"语句括起来。对于 if 语句的嵌套，注意要和 else 匹配。

例 4.2.7　用 for 语句描述 7 人投票表决器。

```
module voter (pass, voter);
input[6: 0]  voter; //7 人（相应位取 1 时，代表同意）
output reg  pass;
reg[2: 0] sum;      //引用计数暂存数组——内部变量
integer i;
always @（voter）
begin
    sum＝0；
```

86

```
    for （i＝0; i<＝6; i＝i＋1)
    if （voter[i]) sum＝sum＋1; //对同意人数计数
    if （sum>＝4)    pass＝1; //当同意人数≥4，表决结果为1
    else        pass＝0;
end
endmodule
```

4.3 用 Verilog 描述时序电路

在上节中介绍了常用的语句和操作符，它们同样可以用在时序电路的描述中。不过相对于组合逻辑电路，时序逻辑电路也有规定的表述方式。在可综合的 Verilog HDL 模型，我们通常使用 always 块和@（posedge clk）（clk 上升沿）或@（negedge clk）（clk 下降沿）的结构来表述时序逻辑。本节将给出几个示例引出时序电路常用的相关语句及代码结构。

4.3.1 寄存器及计数器描述

例 4.3.1   具有异步清零的 D 触发器。
```
module dff1 （d, clk, clr, q);
input        d, clk, clr;
output reg   q;

always@ （posedge clk , negedge clr)    //clk 上升沿与 clr 下降沿为触发事件
if （!clr)                            //clr 低电平有效与敏感表下降沿触发表达要一致
    q<＝0;
else
    q<＝d;
endmodule
```

在时序电路中，动作是由时钟边沿触发的。在 Verilog HDL 中，使用 posedge（上升沿）和 negedge（下降沿）两个关键字来描述。例 4.3.1 中，敏感表中没有列出输入信号 d，是因为它是同步置数，也即是必须有时钟上升沿来到时，d 才起作用。根据此原理，不难得出同步清零的 D 触发器 Verilog 代码，见例 4.3.2。
例 4.3.2   同步清零的 D 触发器。
```
module dff2 （d, clk, clr, q);
input        d, clk, clr;
output reg   q;
always@ （posedge clk ）    //仅 clk 上升沿触发
if （!clr)                //同步清零
```

```
        q<=0；
    else
        q<=d；
    endmodule
```

由 D 触发器的代码很容易写出 n 位寄存器代码，如例 4.3.3。

例 4.3.3 有异步清零端的 n 位寄存器。
```
module regter (d, clk, clr, q)；
parameter    n=8；    //8 位寄存器（设计时可以根据实际需要的位确定 n 取值）
input[n-1: 0]   d；
input   clk, clr；
output reg[n-1: 0]   q；
always@ (posedge clk, negedge clr)
if (!clr)
    q<=0；
else
    q<=d；
endmodule
```

注意此例符号常量 parameter 的巧妙使用，有了它，上例就成为了寄存器位宽参数可调的设计了，用户只需要修改 n 值，该代码就可以适用于任何位宽的寄存器。下例仍使用符号常量，构成位宽参数可调的二进制加法计数器。

例 4.3.4 有并行置数功能的 n 位二进制加法计数器。
```
module count    (d, clk, clr, load, q)；
parameter n=4；//4 位
input[n-1: 0]    d；
input        clk, clr, load；
output   reg [n-1: 0]   q；

always@ (posedge clk , negedge clr) //异步清零
if (!clr)
    q<=0；
else if (load)                //同步置数
    q<=d；
    else q<=q+1；
endmodule
```
该计数器除了清零端 clr，还有一个并行加载数据的输入端 load，并行数据由输入向量 d 提供。代码中第一个 if 语句与例 4.3.1 所示代码一样实现异步清零，else if 子句说明，若 load=1 时，计数器在时钟上升沿作用后并行数据 d 置到计数器输出；反之，计数器加 1 计数。

4.3.2 异步时序电路描述

按异步时序电路确定各个 always 块中敏感表的触发信号，就可以构成异步时序电路。

例 4.3.5 设计异步两位 BCD 码加法计数器，其电路结构框图如图 4.3.1 所示。

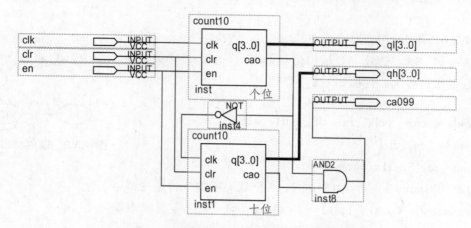

图 4.3.1 异步两位十进制加法计数器框图

图中，底层模块 count10 为十进制计数器，cao 为其进位信号（q=9 时，cao=1）。将个位的进位信号取反后作为十位计数器的时钟信号，则构成了两位十进制计数器（00~99）。当计数器输出为 99 时，两位十进制计数器的进位信号 cao99=1。根据此框图，该计数器 Verilog 代码如下：

```
module cntbcd2  (clr, en, clk, ql, qh, cao99);
input        clk, clr, en;
output   reg [3: 0]  ql, qh;
output        cao99;
wire        cao1;          //十位计数器的时钟信号（内部信号）

assign   cao1＝en& （ql＝＝9）;
assign   cao99＝cao1& （qh＝＝9）;
always @ （posedge clk or negedge clr）  //个位十进制加计数器，时钟输入信号 clk
 if （!clr）  ql <= 0;
 else if （en）
            if （ql<9）   ql<=  ql+1;  //十进制加计数
            else        ql<=  0;
always @ （negedge cao1 or negedge clr） //十位十进制加计数器，时钟信号是 cao1
 if （!clr）  qh <= 0;
 else if （en）
            if （qh<9）   qh<=  qh+1;  //十进制加计数
            else        qh<=  0;

endmodule
```

4.3.3 有限状态机描述

在数字电路中，常用有限状态机来进行时序电路的控制系统模块的设计。用 Verilog HDL 的顺序条件句 if-else、case 等语句，可以方便地描述状态转移图，常用的状态图描述格式见例 4.3.6。

例 4.3.6 用 Verilog 描述图 4.3.2。

由图可知：输入信号 in，输出信号 out1，out2，时序关系由 s0～s4 五个状态控制。代码如下：

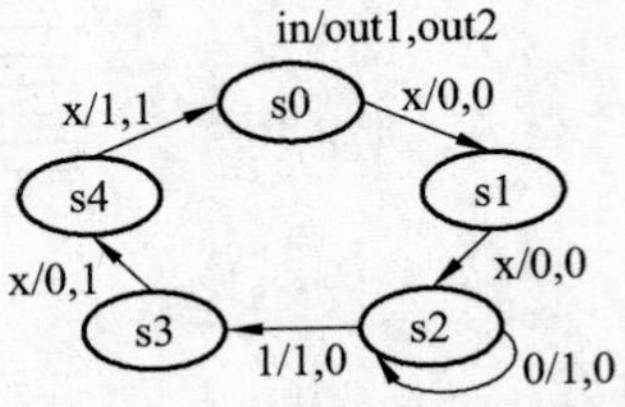

图 4.3.2 摩尔状态机示例

```
module mstate （clk, in, clr, out1, out2）;
input clk, in, clr;
output  reg  out1, out2;
reg[2：0] state;           //内部信号：5 个状态需要 3 位触发器
parameter s0＝0, s1＝1, s2＝2, s3＝3, s4＝4; //定义状态编码


always @（posedge clk or posedge clr ）    //描述状态转移
if （clr）
state <=  s0;
else
    case （state）
        s0： state＝s1;
        s1： state＝s2;
        s2： if （in）      state＝s3;
             else         state＝s2;
        s3： state＝s4;
        s4： state＝s0;
      default： state＝s0;
    endcase
always @（state ）               //描述每个状态的输出
  case （state）
        s0： begin out1＝0; out2＝0; end
        s1： begin out1＝0; out2＝0; end
        s2： begin out1＝1; out2＝0; end
        s3： begin out1＝0; out2＝1; end
        s4： begin out1＝1; out2＝1; end
    default： begin out1＝0; out2＝0; end
```

```
    endcase
endmodule
```

上述状态机描述有三点要注意：
（1）在信号定义段要引入内部状态变量 state，并用符号常量定义状态的编码；
（2）第一个 always 块描述状态转移；
（3）第二个 always 块描述在各状态下的输出。
例 4.3.6 代码仿真波形如图 4.3.3 所示。

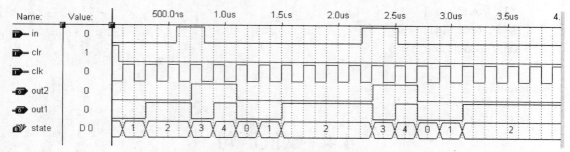

图 4.3.3　状态机示例仿真波形

例 4.3.6 中 Verilog HDL 是摩尔状态机的一般格式，由于两个 always 块都枚举了所有状态，所以，上述代码也可修改成将输出和状态转移表达式写在同一个 always 块中的每个状态条件下（单 always 块格式），读者可自行完成。

实际上，一般时序电路的描述也可以采用计数译码结构（计数器＋广义的译码器）来实现，由计数器完成状态的时序控制，广义的译码器决定在各状态下的输出信号，该结构特别适合实现数字波形发生类或无控制状态转移输入信号的时序电路。

例 4.3.7　用计数译码结构描述图 4.3.2 摩尔状态机。

从图 4.3.2 所示状态图可以看出，若采用计数译码结构，则该计数器为模 5 加计数器，但当计数器状态处于 s2 时，需要对输入 in 进行判断：in＝1 时，计数器加计数，in＝0 时，计数器保持，所以 Verilog 代码由两个 always 块描述，一个描述有控制状态转移输入信号 in 的计数器（时序），另一个 always 块用 case 完成各状态下的译码输出（组合），代码如下：

```
module mstate1 (clk, in, clr,out1,out2);
    input clk, in,clr;
    output reg out1,out2;

    reg[2: 0] q;    //内部信号：模 5 个计数器需要 3 位触发器

    always @(posedge clk or posedge clr )    //  计数器描述
    if(clr)
    q <=0;
    else
```

```
        if ((q==2)&(in==0))   q<=2;   //当 in=0 及 q=2 同时满足时，计数器保持 q=2
         else   if (q<4)    q<=q+1;    //模 5 加计数
            else   q<=0;

always @(q )                    //描述每个状态的输出
     case (q)
        0: {out2,out1}=0;        //等效 begin out1=0; out2=0; end ，用拼接符简化书写。
        1: {out2,out1}=0;
        2: {out2,out1}=1;
        3: {out2,out1}=2;
        4: {out2,out1}=3;
      default: {out1,out2}=0;
     endcase
   endmodule
```

4.4　赋值语句

在 Verilog HDL 中，有两种赋值方式：连续赋值与过程赋值。

4.4.1　连续赋值语句

连续赋值语句 assign，用于对 wire 型变量赋值，如：
assign   a_gt=a&~b;
在表达式中，a，b 均为 wire 型变量，a，b 一旦发生变化，输出 a_gt 立即改变，故称之为连续赋值。（连续赋值语句 assign 不能用在 always 块中）

4.4.2　过程赋值语句

过程赋值是指在 always 块内的赋值，也即对于 reg 型变量赋值，有两种赋值形式：非阻塞赋值和阻塞赋值。

1. 非阻塞赋值

赋值等号符号为 <=，如 q<=q+1。
特点：赋值操作在 always 块结束时才完成，即输出 q 不是立刻赋值。Always 块中的同一个变量若有多次赋值，只保留最后一次赋值。

2. 阻塞赋值

赋值等号符号为 =，如 sum=sum+1。
特点：赋值操作在该语句结束时就完成，即 sum 的值在该语句结束后立刻改变。之所以称之为阻塞赋值，是因为在一个块中若有多条阻塞赋值语句，只要前面的语句没有完成赋值，后面的语句就不能执行，就像被阻塞现象。

3．阻塞赋值与非阻塞赋值的区别

在 always 块中，阻塞赋值可以理解为赋值语句是顺序执行的，而非阻塞赋值可以理解为赋值语句是并行执行的。

阻塞赋值与非阻塞赋值，由于赋值操作时间不同，有时会带来不同的结果。下面通过语句相同，只是赋值符号不同的示例，来说明两者的区别。

1）时序电路中阻塞赋值与非阻塞赋值的区别

例 4.4.1　非阻塞赋值例一。 module nblock（a，clk，b，c）； input clk，a； output reg b，c； always@（posedge clk） b<=a；　　c<=b； end endmodule	例 4.4.2　阻塞赋值例一。 module block（a，clk，b，c）； input clk，a； output reg b，c； always@（posedge clk） b=a；　c=b； end endmodule

示例代码综合后的电路结构如图 4.4.1 和图 4.4.2 所示。

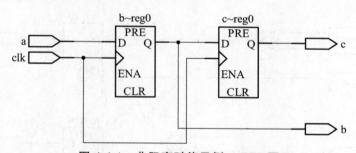

图 4.4.1　非阻塞赋值示例一 RTL 图

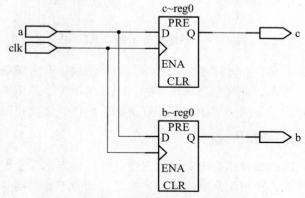

图 4.4.2　阻塞赋值示例一 RTL 图

93

例 4.4.3　非阻塞赋值例二。

```verilog
module nblock1 (a,b,c,clk,q,s);
input a,b,c,clk;
output reg q,s;
always@(posedge clk)
begin
s<=a|b;
q<=s&c;
end
endmodule
```

例 4.4.4　阻塞赋值例二。

```verilog
module block1 (a,b,c,clk,q,s);
input a,b,c,clk;
output reg q,s;
always@(posedge clk)
begin
s=a|b;
q=s&c;
end
endmodule
```

示例代码综合后的电路结构如图 4.4.3 和图 4.4.4 所示。

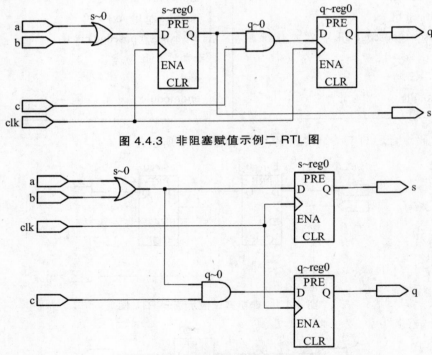

图 4.4.3　非阻塞赋值示例二 RTL 图

图 4.4.4　阻塞赋值示例二 RTL 图

从上两组示例可以看出，在时序逻辑设计中，若一个块中有多条赋值语句，两种赋值方式产生的电路会不同。所以，在时序逻辑设计中，一般的情况下非阻塞赋值语句被更多地使用；在个别情况下，若为了在同一周期实现相互关联的操作，才使用阻塞赋值语句。

2）组合电路中的非阻塞赋值问题

根据两种赋值方式的语义及组合电路的输出信号须随输入信号立刻变化的特点，所以建议，对于组合电路的描述，使用阻塞赋值（＝）方式。读者不妨将例 4.2.7 中 sum 改为非阻塞赋值，综合后的结果不能实现设计要求。

4.5 Verilog 层次文件设计实例——数字跑表

在 Verilog HDL 中，可以用映射各模块的端口连接关系构成多层次的设计，底层可以是 Verilog HDL 代码设计文件，也可以是由定制宏模块生成的 Verilog 文件。下面通过数字秒表的全文本层次设计来介绍此设计方法。

4.5.1 顶层 Verilog 文件设计

例 4.5.1 设计一个计数时长 60 分钟、精度为 0.01 秒的数字跑表，其外部引脚端口如图 4.5.1 所示。

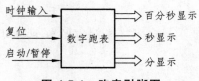

图 4.5.1 跑表引脚图

该跑表各信号功能要求如下：

- 时钟频率为 100 Hz（0.01 秒）；
- 复位：高有效，可对系统异步清零；
- 启动/暂停：低电平时暂停保持，高电平时继续计数。

根据功能要求，得出数字跑表顶层模块组成如图 4.5.2 所示。

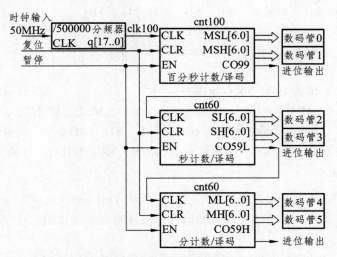

图 4.5.2 数字跑表顶层模块组成

其中：

- 分频模块：将 DE2 开发器板提供的 50 MHz 分频得到 100 Hz（占空比 50%），该模块底层是一个定制计数器宏模块（分频 250 000）生成的 Verilog 文件。

- 百分秒计数/译码模块：时钟输入信号 100 Hz，该模块有三个底层模块——两位十进制码计数器(0～99计数)，由定制的十进制计数器宏模块生成的 Verilog 文件、七段译码 Verilog 文件组成。
- 秒计数/译码模块：时钟由百分秒计数器进位信号（CO99）异步提供，该模块有三个底层模块——秒计数器（0～59计数），由定制的两个计数器宏模块（分频10、分频6）生成的 Verilog 文件、七段译码 Verilog 文件组成。
- 分计数/译码模块：同秒计数/译码模块，时钟由秒计数器进位信号（CO59）异步提供。

由以上模块组成介绍可知，数字跑表层次文本文件有三层结构，其中最底层计数器均由宏模块定制得到，可大大简化代码设计。下面具体讲解设计步骤。

1．创建工程项目

New Project Wizard，完成项目命名（本例命名为 scount）及器件选型 Cyclone Ⅱ 系列 EP2C35F672C6。

2．输入顶层 Verilog 文件

File→New→Verilog HDL File，在文本编辑窗中键入例 4.5.1 中的 Verilog 程序。

例 4.5.2 数字跑表 Verilog 顶层设计文件。

```
module scount (clr, clk50m, en, MSL, MSH, SL, SH, ML, MH); //顶层文件
                模块名必须与项目同名
input        clk50m, clr, en;
output[6: 0]    MSL, MSH, SL, SH, ML, MH;

wire        clk100, co99, co59L, co59H;

clkdiv    clkg (clk50m, clk100);                        //调用子模块 clkdiv
cnt100    cnt100Ms (clr, clk100, en, co99, MSL, MSH); //调用子模块 cnt100
cnt60     cnt60L (clr, co99, en, co59L, SL, SH);         //调用子模块 cnt60
cnt60     cnt60H (clr, co59L, en, co59H, ML, MH);     //再次调用子模块 cnt60
endmodule
```

该代码前部是端口声明，后面是调用三个子模块（clkdiv、cnt100、cnt60）的例化语句，调用时，电路的连接由子模块括号内的端口信号位置对应实现，这三个子模块的具体代码见下节。

在顶层文件的端口映射连接时，必须注意的是各模块的信号位置（可查看子模块代码第一行），即下层模块的端口与上层模块的内部信号必须明确无误地一一对应，否则容易产生意想不到的后果。例如：cnt100.v 的第一行端口声明为：

```
module cnt100 (clr, clk, en, co, codeoutl, codeouth);
```

其中：clr 接系统复位信号 clr；

clk 接分频器输入输出的 100 Hz 信号 clk100；

en 接系统启动/暂停信号 en；

co 接内部连接信号 co99。

codeoutl 数码 0 的七段输入

codeouth 数码 1 的七段输入

由顶层模块组成图 4.5.2 可得，位置对应（clr，clk100，en，co99，MSL，MSH）。

对顶层文件存盘后，运行编译，会在子模块出现错误信息，原因是三个子模块还没有设计。

4.5.2 子模块 Verilog 文件设计

以下子模块均在同一工程项目主窗口内设计。

1. 分频器子模块 clkdiv

设计步骤如下：

1）分频器子模块 clkdiv 的顶层 Verilog 设计

新建 Verilog 文件（File→New→Verilog HDL File），在文本编辑窗中键入例 4.5.2 中的 Verilog 程序。

例 4.5.3 分频器子模块 clkdiv。

```
module   clkdiv (clk50m, clk100);
input        clk50m;
output reg   clk100;
reg          clk200;
reg [17: 0]  q;
clkgen   clkg (clk50m, clk200, q); //调用分频系数为 250 000 的子模块
always@ (posedge clk200)       //二分频，获得占空比 50%，频率 100 Hz
begin
      clk100=~clk100;
end
endmodule
```

按 clkdiv 文件名存盘后，需要定制该层文件中的子模块 clkgen 的 Verilog 文件。

2）定制子模块 clkgen 的 Verilog 文件

执行主菜单"Tools→Mega Wizard Plug –In Manager"，启动宏模块定制，各参数选择窗选择项如图 4.5.3～图 4.5.7 所示，具体计数宏模块选项说明见例 3.5.1（三角波发生器）。

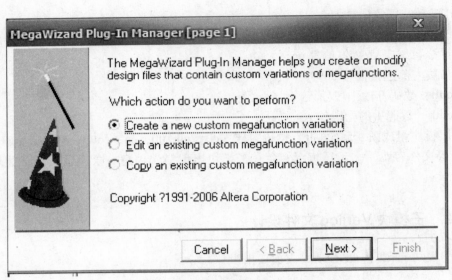

图 4.5.3　定制新的宏功能块

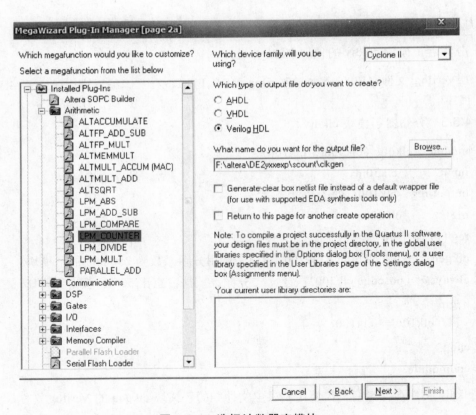

图 4.5.4　选择计数器宏模块

　　选中输出文件类型 Verilog HDL，在存放路径（须在项目文件夹内）输入文件名 clkgen（子模块名）。

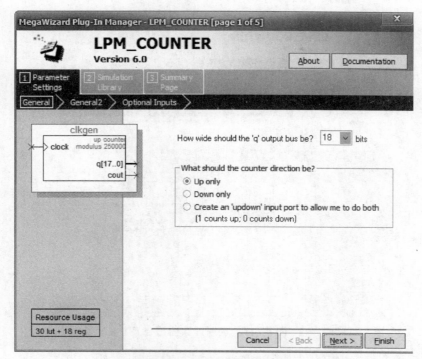

图 4.5.5　选择计数器位宽

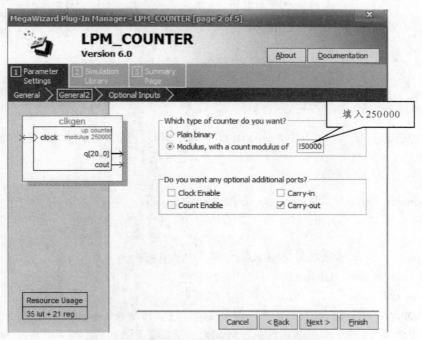

图 4.5.6　选择计数器进制及进位输出

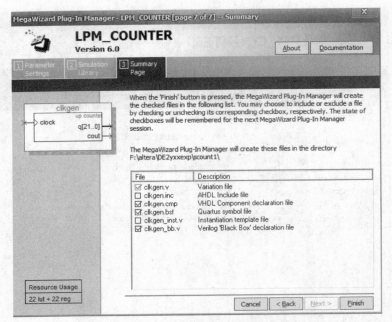

图 4.5.7　定制计数器报告页

此时在项目文件夹内有了生成的 clkgen.v 文件，打开此文件（File→open→clkgen.v）查看信号端口位置：module clkgen（clock, cout, q）；在上层文件 clkgen 中与 clk50m, clk200, q 一一对应，至此，完成了分频器 clkdiv 的设计。再次编译顶层文件 scount 后，报错信息将出现在下一个空的子模块 cnt100。

2. 百分秒计数译码子模块 cnt100

设计步骤如下：

1）子模块 cnt100 顶层 Verilog 设计

新建 Verilog 文件（File→New→Verilog HDL File），在文本编辑窗中键入例 4.5.3 中的 Verilog 程序。

例 4.5.4　百分秒子模块 cnt100。

```
module cnt100 (clr, clk, en, co, codeoutl, codeouth); //注意使端口位置与顶层 sount.v 对应
input        clr, clk, en;        //清零、时钟、使能输入端
output       co;                  //进位输出
output[6: 0]  codeoutl, codeouth; //七段译码输出
reg[3: 0] datal, datah;           //内部信号
wire   col, coh;                  //内部信号
assign co=~ (col&coh);   //个位和十位进位同时有效时（计数值 99），产生低有效进位
cnt10   cntl (clr, clk, en, col, datal);   //个位 BCD 计数器（调用子模块 cn10）
decode4_7L   codel (codeoutl, datal); //个位七段译码器（调用子模块 decode4_7L）
cnt10   cnth (clr, ~col, en, coh, datah); //十位 BCD 码计数器，时钟由个位进位
                                col 取反后提供
```

100

decode4_7L codeh（codeouth，datah）；//十位七段译码器

endmodule

按 cnt100 文件名存盘后，需要定制该层文件中的子模块 cnt10 和编写 decode4_7L 的 Verilog 文件。方法介绍如下。

2）定制子模块 cnt10 的 Verilog 文件

执行主菜单"Tools→Mega Wizard Plug –In Manager"，启动宏模块定制，计数器宏模块定制流程与上述 clkgen 子模块介绍相同，子模块命名为 cnt10，计数器位宽 4 位，取十进制，选中有进位输出（Carry-out）、计数器使能（Count Enable），如图 4.5.8 所示；选择异步清零输入 clr，如图 4.5.9 所示。

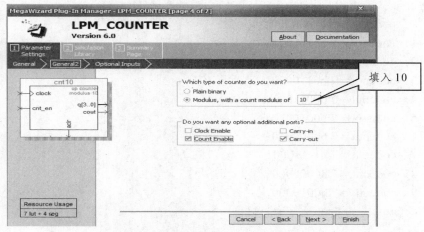

图 4.5.8　定制 cnt10 计数器

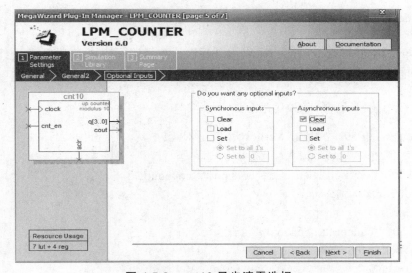

图 4.5.9　cnt10 异步清零选择

完成 cnt10 定制后，打开生成的 cnt10.v 文件，查看信号端口位置是否对应，若不同，则应做修改。

3) 七段译码子模块 decode4_7L 设计

新建 Verilog 文件（File→New→Verilog HDL File），在文本编辑窗中键入 decode4_7L.v（实验用 DE2 开发器中的数码管为低电平点亮）。

例 4.5.5 七段译码 decode4_7L。

```verilog
module   decode4_7L（codeout，indec）；
    input[3: 0]   indec;          //BCD 码输入
    output reg[6: 0]   codeout;    //七段（a~g）输出

    always @（indec）
    begin
        case （indec）
        0： codeout＝7'b1000000；
        1： codeout＝7'b1111001；
        2： codeout＝7'b0100100；
        3： codeout＝7'b0110000；
        4： codeout＝7'b0011001；
        5： codeout＝7'b0010010；
        6： codeout＝7'b0000010；
        7： codeout＝7'b1111000；
        8： codeout＝7'b0000000；
        9： codeout＝7'b0010000；
        default：   codeout＝7'b1111111；
        endcase
    end
endmodule
```

以 decode4_7L 名存盘，至此，完成了百分秒计数译码子模块 cnt100 的设计。再次编译顶层文件 scount 后，报错信息将出现在下一个空的子模块 cnt60。

3. 秒/分计数译码子模块 cnt60

秒/分计数器（0~59）的顶层 Verilog 文件见例 4.5.5。

例 4.5.6 秒/分子模块 cnt60。

```verilog
module cnt60 （clr，clk，en，co，codeoutl，codeouth）；
input    clr，clk，en；
output    co；
output[6: 0]   codeoutl，codeouth；
reg[3: 0] datal，datah；
wire   col，coh；
assign co＝~（col&coh）；           //计数器值为 59 时，产生低有效进位信号
cnt10   cntl （clr，clk，en，col，datal）；//低位计数：0~9 计数
decode4_7L   codel （codeoutl，datal）；
```

cnt6　cnth（clr, ~col, en, coh, datah）; //高位计数: 0~5 计数

decode4_7L codeh（codeouth, datah）;

endmodule

　　从以上顶层文件可以看出,因 cnt10, decode4_7L 最底层模块已在子模块 cnt100 设计时完成,故只需定制 cnt6 计数器, 其方法与定制 cnt10 完全相同,只是进制数取 6,这里不再赘述。

　　至此,完成了数字跑表各层次的 Verilog 文件设计(或定制),设计者可在 Porject Navigator 栏看到设计文件的层次结构, 如图 4.5.10 所示。

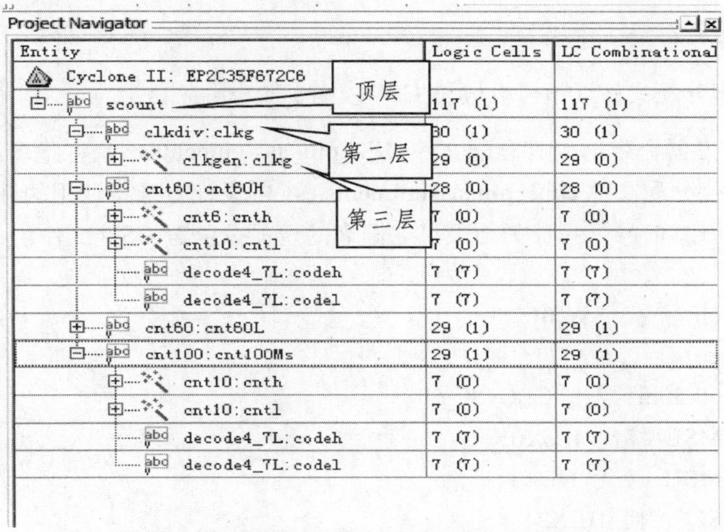

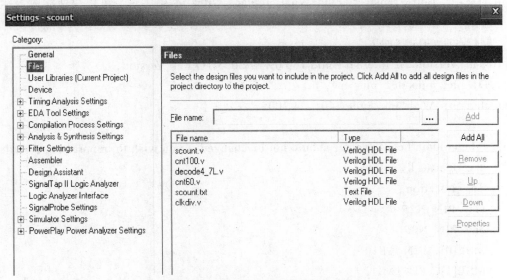

图 4.5.10　数字跑表设计文件层次结构树

　　设计者也可在主菜单"Project→add/remove Files in Project..."下看到该数字跑表项目包含的所有设计文件(不显示定制的 Verilog HDL 文件),如图 4.5.11 所示。

图 4.5.11　数字跑表项目用户文件

4.5.3 引脚锁定及实验

本设计使用 DE2 开发器（附录 4）进行实验，输入信号有复位键 clr、启动/暂停键 en，可选开发器的拨动开关 SW［0］、SW［1］和晶振时钟 50 MHz（CLOCK_50），输出接开发器的 6 位数码管（HEX0、HEX1、HEX2、HEX3、HEX4、HEX5）。由附录 4 可查得它们的引脚，按 3.2.4 节介绍方法锁定引脚并运行全编译（Start Compilation）。由于本设计引脚数量较多，下面介绍一种可通过输入引脚分配文件的方式来快速锁定引脚的方法。

1. 引脚锁定

1）修改引脚分配文件（逗号分隔符 CSV 文件）

打开 DE2 开发器自带的引脚分配文件 DE2_pin_assignments.csv，将跑表设计文件的输入、输出端信号名替代分配文件 DE2_pin_assignments.csv 中设计者准备使用的开关和显示等信号名，删除不用的引脚信号，另存为与项目名同名的逗号分隔符 CSV 文件。

本例中：

用 clr 替代 SW[0];

用 en 替代 SW[1];

用 clk50m 替代 CLOCK_50;

用 MSL 替代 HEX0;

用 MSH 替代 HEX1;

用 SL 替代 HEX2;

用 SH 替代 HEX3;

用 ML 替代 HEX4;

用 MH 替代 HEX5。

用主菜单"Edit→replace: Find What...replace with"编辑工具，可以快速完成上述各信号名的替代。本例替代后（删除了不用的信号）文件命名为 scount，按逗号分隔符文件类型保存，其修改后的内容如下：

Quartus II Version 5.1 Internal Build 160 09/19/2005 TO Full Version，

File: D: \de2_pins\de2_pins.csv，

Generated on: Wed Sep 28 09: 40: 34 2005，

Note: The column header names should not be changed if you wish to import this .csv file into the Quartus II software.，

To, Location

clr, PIN_N25

en, PIN_N26

MSL[0], PIN_AF10

MSL[1], PIN_AB12

MSL[2], PIN_AC12
MSL[3], PIN_AD11
MSL[4], PIN_AE11
MSL[5], PIN_V14
MSL[6], PIN_V13
MSH[0], PIN_V20
MSH[1], PIN_V21
MSH[2], PIN_W21
MSH[3], PIN_Y22
MSH[4], PIN_AA24
MSH[5], PIN_AA23
MSH[6], PIN_AB24
SL[0], PIN_AB23
SL[1], PIN_V22
SL[2], PIN_AC25
SL[3], PIN_AC26
SL[4], PIN_AB26
SL[5], PIN_AB25
SL[6], PIN_Y24
SH[0], PIN_Y23
SH[1], PIN_AA25
SH[2], PIN_AA26
SH[3], PIN_Y26
SH[4], PIN_Y25
SH[5], PIN_U22
SH[6], PIN_W24
ML[0], PIN_U9
ML[1], PIN_U1
ML[2], PIN_U2
ML[3], PIN_T4
ML[4], PIN_R7
ML[5], PIN_R6
ML[6], PIN_T3
MH[0], PIN_T2
MH[1], PIN_P6
MH[2], PIN_P7
MH[3], PIN_T9
MH[4], PIN_R5

MH[5]，PIN_R4

MH[6]，PIN_R3

clk50m，PIN_N2

2）锁定引脚

在主菜单"Assignment"下选择"Import assignments..."，弹出如图 4.5.12 所示对话框，将修改后保存的 scount 逗号分隔符文件通过浏览的方式加入，这时所有引脚就自动锁定完成，不用再逐个进行锁定了。打开引脚锁定界面（Assignment editor），可看到所有引脚已自动锁定，检查无误后，运行全编译（Start Compilation），生成下载文件 scount.sof。

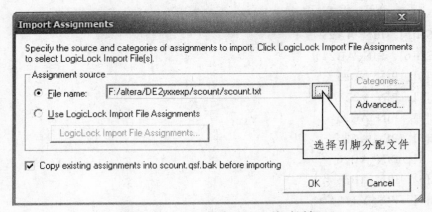

图 4.5.12　输入引脚分配文件对话框

2．下　载

本设计 DE2 开发器下载采用 USB 口下载，下载前先要进行硬件设置（Hardware Setup），选 USB 下载 USB-Blaster［USB-0］口，启动下载工具 Tool→Programmer（见 3.2.4 节）。

下载模式有两种：JTAG 模式和 AS 模式。

（1）JTAG 模式：通过 USB Blaster 直接下载。DE2 开发器使用步骤如下：

① 连接计算机 USB 口与 DE2 的 Blaster 口，打开 DE2 电源；

② 将 DE2 开发器 SW19 拨到 RUN 挡；

③ 下载文件选 scount.sof，点击下载窗口的 Start，DE2 的发光二极管 GOOD 点亮后，下载结束。

注意：使用这种方式下载，一旦断电，则 FPGA 的内容丢失，所以实验时不能关闭电源，否则需要重新下载。

（2）AS 模式：若希望下载后能像 CPLD 器件一样保持下载信息，则要采用 AS 模式。通过 USB Blaster 将下载信息下到 DE2 开发器上的 FPGA 配置器件 EPCS16 中，通电时，由该器件完成对 FPGA 的配置。用 AS 模式下载，步骤如下：

① 从主菜单"Assignments→Settings→Device"中打开器件配置窗口，如图 4.5.13 所示。

② 点击"Device&Pin Options"，选择"Configuration"选项卡，在"Configuration Device"框中选择 EPCS16，如图 4.5.14 所示。确定后回到器件配置窗口，点击"OK"，结束配置，重新全编译。

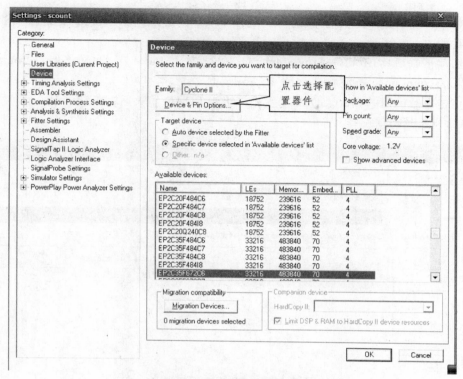

图 4.5.13　器件配置窗口

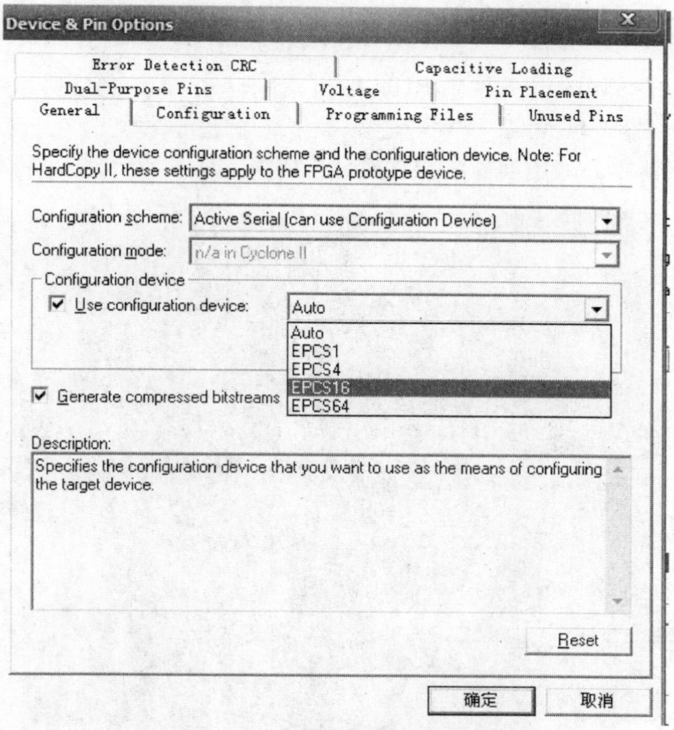

图 4.5.14　选择配置器件窗口

③ 将 DE2 开发器的 SW19 拨到 PROG 挡后（DE2 必须断电再换挡），连接 USB 线，打开 DE2 电源。

④ 启动下载工具（Tools→Programmer），下载模式（Mode）选 Active Serial Programming，下载文件选 scount.pof，配置窗口如图 4.5.15 所示。

⑤ 点击下载窗口的 Start，DE2 的发光二极管 LOAD 熄灭后，下载结束。此模式下载时间比 JTAG 模式时间稍长些。

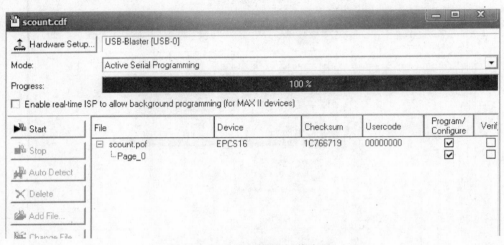

图 4.5.15　AS 模式下载窗口

3. 电路测试

将 DE2 开发器的 SW19 开关拨到 RUN 挡。

clr 置 0（SW0 键）：en 置高（SW1 键），数字跑表进行计数工作；en 置低时，计数值保持；clr 置高，跑表清零。通电实验结果如图 4.5.16 所示。

图 4.5.16　数字跑表通电实验结果

第 5 章　可编程逻辑基本实验

实验 1　用原理图设计组合逻辑电路

一、实验目的

（1）通过简单的逻辑电路图的输入，熟悉软件开发工具设计流程。
（2）练习使用 MFB-5 型数字电路自主实验器。

二、预习要求

（1）仔细阅读附录 3，了解 MFB-5 型数字电路自主实验器的功能及使用。
（2）学习第 3 章图形输入法，并按实验测试需要自拟实验方案及引脚锁定的位置。

三、实验内容

在 Quartus II 图形编辑器中输入图 5.1.1 中的基本门与带时钟的触发器，进行综合、仿真后下载到实验器进行通电实验。

说明：

（1）输入信号引脚选择锁定到实验器的开关 1～10 中，输出信号选择锁定到发光二极管 D_0～D_5 中。

（2）基本门在元件库 primiteves\logic 下；三态门在 primiteves\buffer 子库下（也可直接键入 tri 元件名），另外输入、输出引脚可直接键入 input、output。

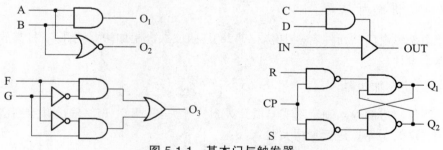

图 5.1.1　基本门与触发器

四、实验报告要求

（1）画出实验原理图，列出各信号选择的开发器开关名及对应的 CPLD 引脚号。
（2）附源程序及仿真数据结果。
（3）通电实验结果。

实验 2　通用组合逻辑电路模块实验

一、实验目的

（1）熟悉利用软件开发工具提供的元件库进行通用组合器件的设计。

（2）练习使用 MFB-5 型数字电路自主实验器。

二、预习要求

（1）预习设计要求的各通用组合器件的功能，并写出其功能表或逻辑表达式。

（2）学习第 3 章图形输入法及宏模块的使用。

（3）阅读附录 3，确定设计的引脚分配，并按实验测试需要自拟通电实验方案。

三、实验内容

在 Quartus Ⅱ 元件库中选取以下器件，进行综合、仿真后下载到实验器进行通电实验。必做 2 个实验，有余力的学生可多选。

1. 七段译码器

在原理图编辑窗口的元件名栏中键入 7448，将其放入原理图中，简约其控制端（LTN，RBIN，BIN）后，将 BCD 码输入锁定在实验器开关组中，输出锁定到实验器 a～g，进行通电实验。

2. 四位二进制加法器

在原理图编辑窗口的元件名栏中键入 74283（四位二进制加法器元件），将其放入原理图中，完成以下设计：

1）四位二进制加法器

将两个四位二进制输入锁定到实验器开关组（开关 8～开关 1），输出锁定到实验器发光二极管（D_3～D_0）显示，进行通电实验。

2）四位二进制减法器

利用 74283 和门电路，设计四位二进制减法器，引脚锁定同 1）。

3. 2 选 1 数据选择器

在 megafunctions\gates 中选取 busmux，数据位宽定义成四位，原理图如图 5.2.1 所示。

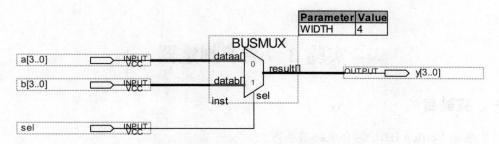

图 5.2.1　2 选 1 总线数据选择器

合理锁定引脚，完成通电实验。

4．四位数值比较器

在 Megafunctions\arithmetic 中选取 lpm-compare，设置比较器位宽为四位，输出结果为 a＝b、a<b、a>b 3 个输出信号。合理锁定引脚，完成通电实验。

四、实验报告要求

（1）画出实验原理图，列出各信号与开发器位置对应表。
（2）附源程序。
（3）通电实验结果。

实验 3　亲子判定器

一、实验目的

（1）熟悉 Verilog HDL 组合电路描述方式。
（2）掌握 Quartus Ⅱ 文本输入法设计流程。

二、预习要求

（1）按功能表要求进行逻辑抽象。
（2）学习第 4 章 Verilog HDL，并按语言规定的操作符正确书写源程序。
（3）列出各信号与开发器位置引脚表。
（4）自拟通电实验方案。

三、实验内容

亲子血型符合图 5.3.1 规则。要求当输入的父母、子女血型符合该规则时，指示灯亮。

父母血型				子女可能血型			
AB	B	A	O	AB	B	A	O
0	0	0	1	0	0	0	1
0	0	1	0	0	0	1	1
0	1	0	0	0	1	0	1
1	0	0	0	1	1	1	0
0	0	1	1	0	0	1	1
0	1	0	1	0	1	0	1
1	0	0	1	0	1	1	0
0	1	1	0	1	1	1	1
1	0	1	0	1	1	1	0
1	1	0	0	1	1	1	0

（a）亲子血型关系

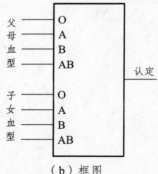

（b）框图

图 5.3.1　亲子血型判定器

注意：在基于一个子女的情况下进行判断，如当父母血型均为 A 型时，按上表规律，这个子女可能的血型为 A 型或 O 型。

四、实验报告要求

（1）写出实验题目要求、设计过程及逻辑抽象结果（表达式或真值表）。
（2）列出各信号与开发器位置对应表。
（3）列出通电实验结果测试表。
（4）试提出源程序优化方案。
（5）列出实验出现的问题及解决措施。
（6）附源程序。

实验 4 BCD/二进制码变换器

一、实验目的

（1）进一步熟悉 Quartus II 设计平台。

（2）练习自定义元件方法（生成元件符号）及简单的图文混合层次文件输入法。

二、预习要求

（1）按功能要求进行逻辑抽象（文本或图形输入法不限）。

（2）复习 3.3.1 节元件符号生成方法。

（3）列出各信号与开发器位置引脚表，自拟通电实验方案。

三、实验内容

变换器的框图如图 5.4.1 所示，输入为两位 BCD 码，$A_7A_6A_5A_4$ 为十位，$A_3A_2A_1A_0$ 为个位，输出为二进制码 $B_6B_5B_4B_3B_2B_1B_0$。

要求：

（1）可先设计底层文件，新建项目，输入源文件，进行综合、仿真，将该文件生成元件符号作为底层文件。

（2）在相同的文件夹内另建项目，选择图形文件格式，点击元件库的 Project＋号，找到底层元件符号，调出并连接输入、输出端口，保存顶层文件（与项目同名），完成综合、仿真后，引脚锁定下载进行通电测试。

注意：底层文件不能与顶层文件同名。

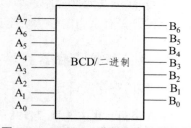

图 5.4.1 BCD/二进制码变换器框图

说明：输入信号引脚选择锁定到实验器的开关组位中，输出信号选择锁定到发光二极管 $D_0 \sim D_6$ 中，各信号位置按权位顺序安排。

四、实验报告要求

（1）写出实验题目要求、设计真值表或表达式。

（2）列出各信号与开发器位置对应表。

（3）试提出源程序优化方案。

（4）列出实验出现的问题及解决措施。

（5）附源程序。

实验 5 通用时序逻辑电路模块设计及应用

一、实验目的

（1）熟悉利用软件开发工具提供的元件库进行通用时序器件的设计。

（2）练习使用 MFB-5 型数字电路自主实验器进行时序电路的测试。

（3）练习原理图层次文件输入法。

二、预习要求

（1）预习设计要求的各通用时序器件的功能并写出其功能表。

（2）复习第 3 章图形输入法及宏模块的使用。

（3）阅读附录 3，确定设计的引脚分配及四踪逻辑波形显示器的使用方法，并按实验测试需要自拟通电实验方案。

三、实验内容

在 Quartus Ⅱ 元件库中选取以下器件，进行综合、仿真后下载到实验器进行通电实验。必做 1 个实验，有余力的学生可全选。

1. 8 位移位寄存器实验

1）移位寄存器设计

在 Maxplus Ⅱ 中选取 74198（8 位移位寄存器元件），定义输入、输出，测试寄存器的并入并出、串入串出（左移）、串入串出（右移）、保持四个功能，并确定各模式下的控制信号 S_1、S_0 的取值。

测试要求：观察并记录状态转移图。观察状态转移时，可采用手动脉冲或 2 Hz 的时钟信号，状态输出锁定到发光二极管显示。

2）任意 8 位串行数据发生器设计

利用 74198 设计一个任意 8 位串行数据发生器（除全 0、全 1）：任意 8 位数据由输入 8 位信号决定，并行置出后循环移位，由最高位（左移）或最低位（右移）输出串行数据波形。

测试要求：CLK 接连续脉冲（kHz），输出波形接入示波器，观察并记录时序波形图。

时序波形图观测方法：用双踪示波器观察两路不同频率的波形时，为了要稳定显示波形，必须正确选择触发源。触发源必须是频率最低、最有特征的波形。本实验中，可选输出的波形作触发源，两踪显示并记录 CLK 和输出波形。

2. 十进制可逆计数器实验

1）一位十进制可逆计数器设计

在 megafunctions\arithmetic 中选取 lpm-counter，器件端口如图 5.5.1 所示。按以下功能要求，完成计数器配置。

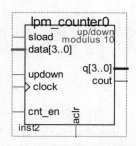

图 5.5.1　一位 BCD 可逆计数器端口图

配置要求：

① 输出 q 位宽 4 位；可逆计数（updown）；

② 计数器模数取 10（Modulus）；有计数器使能控制（count Enable）；有进位输出（carry out）；

③ 计数器具有同步置数（synchronous load）和异步清零功能（asynchronous clear）。

测试要求：

① 单步测试（手动脉冲，LED 显示）：观察计数器功能，并记录计数器功能表（置数、计数、保持、清零），记录计数状态转移图（表）。

② 连续波形测试：合理选择时钟频率，用实验器四路逻辑波形显示加、减计数的时序波形图。

2）两位十进制可逆计数器

将第 1）步的一位计数器生成元件作为底层元件，用层次文件方式编写两位十进制可逆计数器源文件（底层及顶层均为图形文件），计数器同步或异步时钟方式均可，通电实验方式自拟。

四、实验报告要求

（1）画出实验原理图，列出各信号与开发器位置对应表。

（2）列出通电实验测试结果并画出波形图。

（3）试提出源程序优化方案。

（4）列出实验出现的问题及解决措施。

（5）附源程序。

实验 6　秒脉冲发生器的设计

一、实验目的

（1）熟悉利用软件开发工具提供的元件库进行时序电路的设计。
（2）生成秒脉冲发生器元件，供数字系统设计时使用。

二、预习要求

（1）根据选择的时钟源，计算出 lpm-counter 计数器位宽数 N。
（2）复习第 3 章图形输入法及宏模块的使用。

三、实验内容

设计秒脉冲发生器，其电路框图如图 5.6.1 所示。

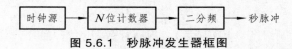

图 5.6.1　秒脉冲发生器框图

说明：
（1）时钟源：有两种方式，一是用 EPM570T100 内嵌的振荡器 OSC，在元件库 megafunctions\IO 子库中，元件名为 altufm-osc，但该振荡频率有一定的分散性（5 MHz～5.2 MHz），可以通过测试输出频率来调整 N 值；二是用 MFB-5 实验器提供的 6 MHz 晶振作为时钟源。
（2）N 位分频计数器：元件库 megafunctions\arithmetic 子库，元件名为 Lpm-counter。
（3）二分频模块：作用是使输出波形的占空比为 50%，可用一个触发器构成。
测试要求：用存储示波器测试输出频率及占空比。

四、实验报告要求

（1）画出实验原理图。
（2）列出通电实验测试结果。
（3）写出实验出现的问题及解决措施。
（4）附源程序。

实验 7　可数控分频器及应用

一、实验目的

（1）学习可数控分频器的设计。
（2）练习用混合输入法设计层次文件。

二、预习要求

（1）根据可数控分频器工作原理，由公式（5.7.1）计算出表 5.7.1 的可编程分频器模块 PF 的预置数 $D_{14} \sim D_1$ 的数值。
（2）复习第 4 章真值表的 Verilog HDL 描述格式，写出译码器 DC 的源代码。
（3）复习第 3 章层次文件输入法。

三、实验内容

用 6 MHz 晶振源产生 7 种频率的可数控分频器，其电路框图如图 5.7.1 所示，音频频率如表 5.7.1 所列。

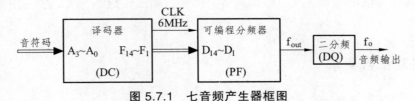

图 5.7.1　七音频产生器框图

表 5.7.1　音符代码表

C 调音符代码（$A_3 \sim A_0$）	f_{out}（Hz）	f_o（Hz）	分频器置数 $D_{14} \sim D_1$
001	1 046.502	523.251 1	
010	1 174.659	587.329 5	
011	1 318.502	659.251 1	
100	1 396.913	698.456 5	
101	1 567.982	783.990 9	
110	1 760	880	
111	1 975.533	987.766 6	
000	6 MHz	3 MHz	

1. 可数控分频器设计

图 5.7.2 为可数控分频器原理图，由图可以看出它实质上是一个具有可置数功能的二进制加法计数器。将它的进位信号作为同步置数信号时，可改变所置的数 N_D，则计数器的模数（分频系数 M）就改变，这样就可实现由外部置数值 N_D 控制不同频率的输出。M 与 N_D 关系式如下：

$$M = 2^n - N_D \qquad (5.7.1)$$

式中　$M = 6\ \mathrm{MHz}/f_{\mathrm{out}}$；

　　　n 为计数器位数，取 14 位；

　　　N_D 为置数值（$D_{14} \sim D_1$）。

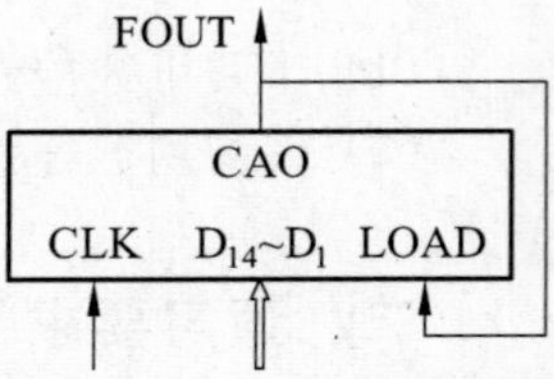

图 5.7.2　可编程分频器结构图

2. 二分频模块的设计

二分频模块的作用是使输出波形的占空比为 50%，可用一个触发器构成。

3. 译码器模块设计

译码器模块的作用是完成音符代码 $A_3 \sim A_0$ 到可编程分频器的置数值 $D_{14} \sim D_1$ 的代码转换，用真值表描述。

设计要求：译码器、可编程分频器为底层元件，译码器用 Verilog 编写，可数控分频器不限（文本或原理图宏模块构成均可），顶层为原理图格式。

测试要求：将输出锁定到实验器扬声器引脚号，输入锁定到开关组中，用示波器测试各输出频率。

四、实验报告要求

（1）写出设计过程并画出电路图。

（2）列出通电实验测试结果（音符代码与测试输出频率表）。

（3）列出实验出现的问题及解决措施。

（4）附源程序。

实验 8　巴克码检测/发生器

一、实验目的

（1）熟悉 Verilog HDL 状态机描述方式。
（2）掌握 Quartus II 文本输入法设计流程。

二、预习要求

（1）按设计要求抽象出状态转移图。
（2）学习第 4 章 Verilog HDL 有关状态机的描述方式，正确书写源程序。
（3）列出各信号与开发器位置引脚表。
（4）自拟通电实验方案。

三、实验内容

在一个 CPLD 器件中实现巴克码的发生和检测，要求如下。

1．设计要求

（1）巴克码检测器：某通讯接收机的同步信号为 1110010（巴克码），设计一个检测器，其输入为串行码 x，输出为检测输出 z，当检测到巴克码时输出为 1。设计文件要求为状态机格式。
（2）巴克码发生器：设计一个自动产生周期性的 1110010 序列发生器。

2．文件格式要求

层次文件结构：检测器、发生器为顶层独立两个模块（两个模块的输入、输出均锁定器件引脚上），方便独立测试。

3．测试要求

（1）发生器：分单步（手动脉冲，LED 显示）和连续测试（用示波器观测波形）。
（2）检测器：输入串行巴克码，观察检测输出信号。
（3）将发生器的输出作为检测器的输入，观察结果，得出结论。

四、实验报告要求

（1）写出设计原理及代码，并画出状态图。
（2）列出通电实验测试结果并画出波形图。
（3）试提出设计程序优化方案。
（4）列出实验出现的问题及解决措施。
（5）附源程序。

实验 9　交通灯控制器

一、实验目的

(1) 学习在同步时序电路中处理异步输入问题。
(2) 熟悉 Verilog HDL 状态机描述方式。
(3) 掌握图形与文本混合层次文件输入法。

二、预习要求

(1) 按设计要求，抽象出交通控制器的状态转移图及输出表达式。
(2) 根据时钟源设计方案，计算出分频计数器的级数。
(3) 写出设计方案和源代码。

三、实验内容

1. 功能要求

图 5.9.1 为交通灯控制器框图，图中 RA、GA 为十字路口东西向（方向 A）红、绿灯，RB 和 GB 为南、北向（方向 B）红绿灯；CLK 为内部时钟脉冲，它的频率为 1 分钟 1 次，在它的作用下，交通灯交替工作，使 A 向、B 向轮流放行 1 分钟。C、D 为设置在路边的按钮，当行人欲横过街道时，可按下 C 或 D 按钮，控制器接收到此信号，就会在当前的 1 分钟周期结束后，全部红色交通灯亮且持续 1 分钟，让行人通过，再回到原工作循环。

2. 设计指导

1) 电路内部状态分析

S_0: A 向通行；
S_1: B 向通行；
S_2: A 向通行后转行人通过，以后转 B 向通行；
S_3: B 向通行后转行人通过，以后转 A 向通行。

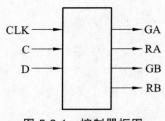

图 5.9.1　控制器框图

2) 异步信号的处理

该控制器的输入是"行人通过请求"信号，它由 C 或 D 按钮产生，由于时钟频率太低，行人按下 C 或 D 的持续时间一般小于 1 分钟，且不可能要求它与时钟同步（是异步信号），所以内部需另设电路记忆由 C 或 D 来的信号。这就需要进行异步信号同步化的处理，一种用 RS 触发器来完成异步控制功能的电路如图 5.9.2 所示。图中输出信号为 X，X 又作为控制部分的输入。为实现预定交通控制功能，该 RS 触发器的置位信号应是 C 或 D，复位信号应来自状态 S2 或 S3。（注：此图仅为说明锁存异步信号功能，电路形式或逻辑描述不唯一。）

3）交通灯时钟源设计

按功能要求，时钟源周期为 1 分钟，为了方便实验观察，可将时钟周期改为 2 秒，时钟可采用 EPM570 内嵌 OSC 分频获得（见实验 6），也可采用实验器的 2 Hz 时钟源输出。

综上所述，交通控制器的逻辑框图如图 5.9.3 所示。

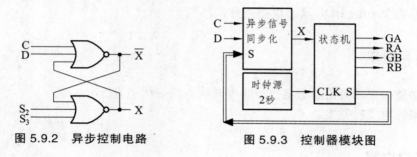

图 5.9.2　异步控制电路　　　　图 5.9.3　控制器模块图

3. 测试要求

测试时可将输出红绿灯信号定义到实验器红色和绿色发光二极管上，也可用实验器上的红绿双色发光管显示，显示原理见附录 3。

四、实验报告要求

（1）列出设计过程、状态图及代码。
（2）列出通电实验测试结果。
（3）试提出设计程序优化方案。
（4）列出实验出现的问题及解决措施。
（5）附源程序。

实验 10　步进电机控制器

一、实验目的

进一步熟悉 Verilog HDL 状态机描述方式。

二、预习要求

（1）按功能表要求写出步进电机控制器的状态图与状态表。
（2）自拟通电实验方案。

三、实验内容

1. 设计要求

步进电机是将电脉冲信号转换成固定的角位移（或线位移）的电机，每输入一个电脉冲，步进电机就转动一个角度。它广泛用于精密旋转或位置控制的各个领域中，例如打印机、绘图机、机械阀门控制和机床控制等。

永磁式步进电机的驱动电路如图 5.10.1 所示。按一定顺序使驱动晶体管 $Q_0 \sim Q_3$ 分别截止或导通，就能控制步进电机的旋转。步距角分为全步和半步两种，其序列表见表 5.10.1 和表 5.10.2。

表 5.10.1　全步驱动序列表

顺时针旋转↓	步序	Q_0	Q_1	Q_2	Q_3	↑逆时针旋转
	1	1	0	1	0	
	2	1	0	0	1	
	3	0	1	0	1	
	4	0	1	1	0	
	1	1	0	1	0	

表 5.10.2　半步驱动序列表

顺时针旋转↓	步序	Q_0	Q_1	Q_2	Q_3	↑逆时针旋转
	1	1	0	1	0	
	2	1	0	0	0	
	3	1	0	0	1	
	4	0	0	0	1	
	5	0	1	0	1	
	6	0	1	0	0	
	7	0	1	1	0	
	8	0	0	1	0	
	1	1	0	1	0	

步进电机控制器引脚图如图 5.10.2 所示，其中：时钟输入端 CLK；置电机为初始状态端 LD；功能控制端设置允许/禁止步进电机转动控制 EN；顺时针/逆时针旋转控制端 M；全步和半步控制端 FH；输出端 Q_3、Q_2、Q_1、Q_0。本设计的简化功能表如表 5.10.3 所示。

表 5.9.3　功　能　表

CLK	LD	EN	M	FH	操作状态
↑	1	×	×	×	置数
↑	0	1	0	1	全步逆时针
↑	0	1	1	1	全步顺时针
↑	0	1	0	0	半步逆时针
↑	0	1	1	0	半步顺时针
↑	0	0	×	×	保持

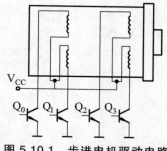

图 5.10.1　步进电机驱动电路

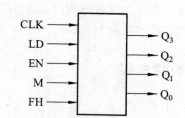

图 5.10.2　步进电机控制器引脚图

2. 测试要求

（1）单步（手动脉冲，LED 显示）测试，记录状态转移图（表）。

（2）连续波形测试，合理选择时钟频率，用实验器四路逻辑波形显示并记录。

四、实验报告要求

（1）列出设计原理及代码。

（2）列出通电实验测试结果。

（3）试提出设计程序优化方案。

（4）列出实验出现的问题及解决措施。

（5）附源程序。

实验 11　六点魔方游戏机

一、实验目的

学习异步时序电路的设计。

二、预习要求

(1) 按功能表要求写出六点魔方实现方案及 Verilog HDL 代码。
(2) 自拟通电实验方案。

三、实验内容

1. 设计要求

六点魔方游戏机工作过程如下：当游戏者按下按钮时，6 个发光二极管显示的点数不断地以模为 6 作递增变化。由于时钟的频率足够高，在此期间游戏者不能观察出点数。松开按钮时，就停留在某个值上不再变化，因此，六点魔方实际上是一个指定编码状态的模 6 计数器。根据表 5.11.1 显示要求（模拟六点骰子），每一个魔方需 4 位触发器。若两块魔方从同一初始状态，按同一规律变化，则出现的点数只有 6 种，与玩一块魔方的效果一样。因此，只有当第一块魔方由某一状态向另一状态转换时（如从第 6 状态向第 1 状态转换时），第二块魔方的状态才按点数递增转换，而其他时间，第二块魔方的状态不变，这样由两块魔方搭配掷出的点数就丰富多彩了。

时钟信号：振荡频率应高于 200 Hz。

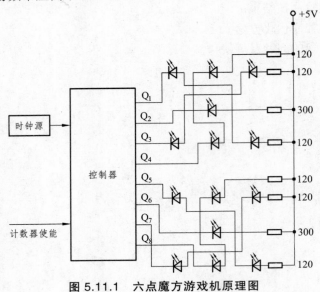

图 5.11.1　六点魔方游戏机原理图

表 5.11.1　六点魔方状态表

Q_4	Q_3	Q_2	Q_1	代表点数
0	0	1	0	1
0	1	0	0	2
0	1	1	0	3
0	1	0	1	4
0	1	1	1	5
1	1	0	1	6

2．测试要求

（1）单步（手动脉冲，LED 显示）测试，记录状态转移图（表）。
（2）连续波形测试，合理选择时钟频率，用实验器四路逻辑波形显示并记录。

四、实验报告要求

（1）列出设计原理、状态转换图及代码。
（2）列出通电实验测试结果。
（3）试提出设计程序优化方案。
（4）列出实验出现的问题及解决措施。

实验 12　简单任意波形发生器

一、实验目的

(1) 利用 CPLD 和 D/A 转换器实现模拟波形发生器。
(2) 学习 ROM 的 Verilog HDL 代码实现方式。
(3) 熟悉实验器 D/A 数模转换器的使用。

二、预习要求

(1) 按设计要求（1）确定正弦波的取样点数及量化值。
(2) 根据输出模拟波形的频率要求和波形取样点数，设计时钟源。
(3) 写出总体设计方案和各层源代码。
(4) 查看实验器说明，熟悉 D/A 转换器的使用方法。

三、实验内容

用 CPLD 和 D/A 转换器实现任意信号发生器的基本组成框图如图 5.12.1 所示。

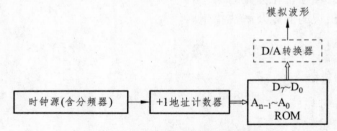

图 5.12.1　任意信号发生器组成框图

基本工作原理：将模拟波形一个周期的幅值取样 n 个点（n 值大小由示波器能显示平滑的模拟波形为准，一般来说，n 值大于 100 点后，波形较好），每个 n 值量化后存放在 ROM（只读存储器）中，在时钟的作用下，地址计数器对一个周期的 ROM 地址循环计数，ROM 连续输出波形数据并送数模转换器 D/A，得到模拟波形输出信号。

ROM 的设计可以使用 Verilog 的 case 语句来实现（真值表：输入 $A_{n-1} \sim A_0$，输出 $D_7 \sim D_0$），也可采用参数化宏单元 lpm-rom 来实现 ROM（此方式仅支持 FPGA 器件）。

1. 设计要求

(1) 设计频率为 1 kHz 的正弦波发生器，ROM 数据为 8 位，取样点数（地址数）自定，要求波形平滑不失真。

126

（2）设计两路任意波形发生器（选做）：波形及频率自拟，两路输出分别锁定到实验器 DAC_0 和 DAC_1 组。

2. 测试要求

用示波器显示并测量波形。

四、实验报告要求

（1）列出设计过程、原理图及代码。
（2）列出实验测试结果。
（3）试提出设计程序优化方案。
（4）列出实验出现的问题及解决措施。
（5）附源程序及仿真波形图。

实验 13　脉冲宽度调制（PWM）实验

一、实验目的

（1）了解 PWM（Pulse Width Modulation）的原理。
（2）了解 PWM 的相关应用。
（3）产生 PWM 信号，实现 LED 亮度控制。

二、预习要求

（1）要产生占空比为 75% 的 PWM 信号，输入预置 DS 值为多少？
（2）编写产生 PWM 输出信号的 Verilog HDL 源代码。
（3）复习第 3 章层次文件输入法。

三、实验内容

1. 产生 PWM 信号

产生频率为 100 Hz，占空比为 75% 的 PWM 信号，用示波器观察并记录其波形。

PWM 的全称为 Pulse Width Modulation（脉冲宽度调制），通俗地讲就是调节脉冲的占空比。当输出的脉冲频率一定时，输出脉冲的占空比越大，输出的平均电压就越大，如图 5.13.1 所示。因此脉冲宽度调制实际就是通过改变一串脉冲的占空比进而改变负载电源接通的时间以达到控制输出功率大小的方法。脉冲宽度调制在 LED 亮度、电机转速、电力等领域有广泛的应用。

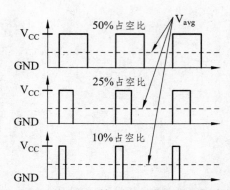

图 5.13.1　50%，25% 和 10% 的 PWM 信号以及相应的平均电压 V_{avg}

传统的 PWM 由模拟电路实现，电路简单、速度快，但是定量控制时需要 DAC 参与，而用全数字电路实现 PWM 则可简化整体电路，易于实现定量控制。图 5.13.2 为产生 PWM 信号的原理框图。n 位预置值 DS 置入寄存器中用于与计数器的计数值比较。N 位计数器从 [111…1] 开始计数，这时 RS 触发器置位到 1。当计数器计数值为 DS 时，RS 触发器复位到 0，如图 5.13.3 所示。如果计数器位数为 $N=8$，则占空比 $=\dfrac{\text{DS}}{\text{FF}}\%$。

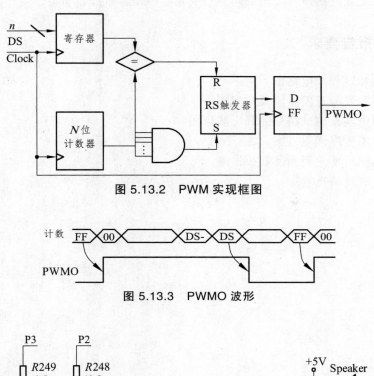

图 5.13.2　PWM 实现框图

图 5.13.3　PWMO 波形

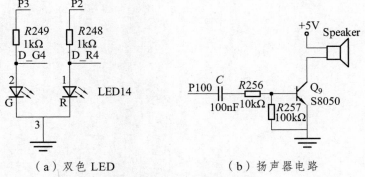

（a）双色 LED　　　　　（b）扬声器电路

图 5.13.4　LED 和扬声器电路

2. LED 亮度控制

实验器上的 LED 电路如图 5.13.4（a）所示，CPLD 端口输出高电平时，LED 导通发光。当 LED 上所加的是周期性脉冲电压时，LED 亮度受脉冲宽度控制，改变占空比即可改变 LED 的亮度。

（1）自拟实验方案并将 PWMO 指配至 LD1（P2），使 LD1 亮度周期性变化。

（2）用导线连接 P2 与 P100，试听扬声器声音的变化。

四、思考题

（1）占空比是线性变化的，但是我们观察到的 LED 的亮度变化不是线性的，试分析原因。

（2）占空比变化时扬声器发出的声音有变化，但是音量没有明显改变，试分析其原因。

五、实验报告要求

（1）列出设计过程及电路图。

（2）列出各信号与开发器位置对应表。

（3）列出通电实验测试结果并画出波形图。

（4）试提出源程序优化方案。

（5）列出实验出现的问题及解决措施。

（6）附源程序及仿真波形。

第6章　数字系统综合设计性实验

课题 1　数字频率计

一、目　的

数字频率计是用数字显示出被测信号频率的一种仪器，被测信号可以是正弦波信号、方波信号、三角波和尖脉冲信号。除此之外，若配以适当的传感器，还可以对许多物理量进行测量，因此，数字频率计是一种应用范围十分广泛的测量装置。

二、设计原理

数字频率计实际上就是采用数字显示的频率计数器。其基本原理是用几个串接的十进制计数器记录在特定时间间隔内的被测信号的脉冲个数并加以显示。例如在 1 秒的时间间隔内记录到的脉冲个数为 1 000，则被测信号的频率为 1 000 Hz；若是在 0.1 秒的时间间隔内记录到的脉冲个数为 1 000，则被测信号的频率为 $10 \times 1\ 000 = 10$ kHz，即满足

$$f = N/T$$

式中　N——计数器的计数值；

　　　T——计数的时间间隔。

数字频率计主体电路框图如图 6.1.1 所示。电路分四个部分：时基信号及定时控制电路（HOLD）；锁存信号（LATCH）和清零信号（CLR）；计数、锁存、译码显示电路。工作波形如图 6.1.2 所示。

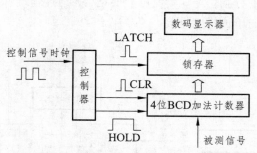

图 6.1.1　数字频率计组成原理框图

1．时基信号

可用晶体振荡器产生秒脉冲（电路见图 6.2.2），输出须经过一个二分频电路形成标准的闸门信号（HOLD）。经过二分频后，时基信号（HOLD）开启 1 s、关闭 1 s。

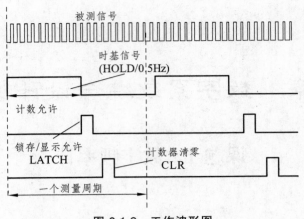

被测信号

时基信号
(HOLD/0.5Hz)

计数允许

锁存/显示允许
LATCH

计数器清零
CLR

一个测量周期

图 6.1.2　工作波形图

2. 锁存信号和清零信号

锁存信号（LATCH）的作用是在时基信号低电平时对计数值进行锁存，使显示器上获得稳定的测量值。清零信号（CLR）是在锁存信号结束时对计数器清零，以等待下一次的计数。锁存信号和清零信号的脉宽、幅值及两者之间的相对先后位置是实验成功的关键。

3. 脉冲形成电路

脉冲形成电路的作用是将输入的周期性模拟信号（如正弦波、三角波或者其他呈周期变化的波形）变换成数字脉冲波，其周期不变。

将其他波形变换成脉冲波形的电路有多种，如施密特触发器、单稳态触发器、比较器等，其中施密特触发器的应用较多。若被测信号太弱，可先将信号放大后再送到施密特触发器电路进行整形。选择器件时，应注意器件的速度指标应能满足被测信号的频率范围要求。

4. 过量程自动转换

过量程（当被测频率超过频率计当前量程时称过量程）自动转换功能可参考图 6.1.3，当计数器产生溢出脉冲时，使多路选择器的地址计数器加 1，选择器将选通下一路分频信号，即比上一次频率低 10 倍的分频信号，实现自动换挡，并通过地址译码器的输出使显示器的小数点移位（×10），对应的单位指示灯亮。

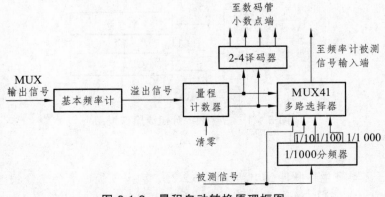

图 6.1.3　量程自动转换原理框图

132

三、设计任务和要求

设计一个 4 位十进制数字频率计,频率测量范围为 10 MHz。量程分 10 kHz、100 kHz、1 MHz 和 10 MHz 4 挡,最大读数分别为 9.999 kHz、99.99 kHz、999.9 kHz、9 999 kHz。

1. 量程自动转换规则

读数大于 9999 时,频率计处于超量程状态,此时显示器发出溢出指示(最高位显示 F,其余各位不显示数字),下一次测量时,量程自动增大一挡。

2. 显示方式

采用记忆显示方式,即计数过程中不显示数据,待计数过程结束以后,显示计数结果,将此显示结果保持到下一次计数结束;显示时间应不小于 1 s;小数点位置随量程变更自动移位;有直观的溢出指示及单位指示。

四、可选用的元器件

以大规模可编程逻辑器件为主要器件。

课题 2   多功能数字钟

一、目　的

　　本课题是数字电路中计数、分频、译码、显示及时钟脉冲振荡器等组合逻辑电路与时序逻辑电路的综合应用。通过学习，要求掌握多功能数字钟电路的设计方法、装调技术及数字钟的扩展应用。

二、设计原理

　　数字钟是由晶体振荡器、分频器、计秒电路、计分电路和计时电路组成。计时电路可选择 24 小时计时或 12 小时计时。主体电路框图如图 6.2.1 所示。电路工作原理是：振荡器产生稳定的高频脉冲信号，作为数字钟的时间基准，然后经分频器输出标准秒脉冲。秒计数器计满 60 后向分计数器进位，分计数器计满 60 后向时计数器进位，时计数器按照"12 翻 1"规律计数。计数器的输出分别经译码器送显示器显示。计时出现误差时可以用校时电路校时、校分、校秒。

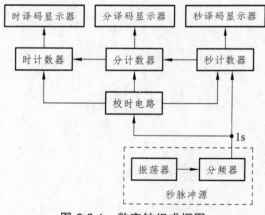

图 6.2.1　数字钟组成框图

　　在主体电路正常运行的情况下，可进行功能扩展，如定时控制、仿电台报时及整点报时等功能。

1. 主体电路各模块

1）秒脉冲源

　　秒脉冲是数字钟的核心，其稳定度及频率的精确度决定了数字钟的准确程度，所以通常选用晶振来构成秒脉冲源。图 6.2.2 是常用的秒脉冲电路之一，电路由 CD4060 器件及 32 768 Hz 晶振及阻容元件构成，该电路由两部分构成：一部分是 CD4060 内部的 14 级分频器，其最高分频数为 16 384（2^{14}）；另一部分是由外接电子表用石英晶体、电阻及电容构成振荡频率为 32 768 Hz 的振荡源，振荡器输出经 14 级分频后在输出端 Q_{14} 上得到 2 Hz 脉冲并送入由 D 触发构成的二分频器，分频后在输出端 Q_{15} 上得到秒基准脉冲。

　　如果精度要求不高，也可以采用由集成定时器 555 组成的多谐振荡器。555 集成定时器产生频率为 1 kHz 的信号，经三级 10 分频可得到周期为 1 s 的秒脉冲信号。此方案可同时获得仿电台报时用的 1 kHz 的高音频信号和 500 Hz 的低音频信号。

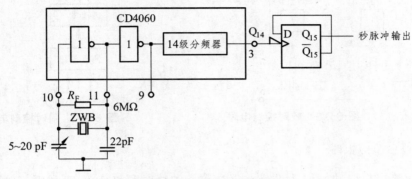

图 6.2.2　秒脉冲发生器

2）计数器

　　作为分和秒计数的 60 进制计数器，可用一个 10 进制计数器和一个 6 进制计数器级联而成。其计数规律为 00→01→…→58→59→00，分计数器和秒计数器设计可以参考 4.5 节。

　　时计数器是一个"12 翻 1"的特殊进制计数器，即当数字钟的计时器运行到 12 时 59 分 59 秒时，秒的个位计数器再输入一个秒脉冲时，数字钟应自动显示为 01 时 00 分 00 秒。

3）译码显示电路

　　用七段译码器实现。

4）校时电路

　　校时是数字钟应具备的基本功能。一般电子钟都有时、分、秒等校时功能。为使电路简单，本课题只讨论时、分的校正。

　　对校时电路的要求应是：在进行小时校正时不影响分计数器和秒计数器的正常计数，同理进行分校正时不影响秒计数器的正常计数。一种校时电路如图 6.2.3 所示。校时脉冲可选用手动单脉冲（实现慢校时）或连续脉冲（实现快校时）。

2. 功能扩展电路

1）闹时电路

　　有时需要数字钟在规定的时刻发出信号，一种闹时控制的原理如图 6.2.4 所示。当数字钟计数器的状态与外部预置的数字相同时，同比较器输出信号，控制音响电路工作。闹时时间持续 1 分钟。

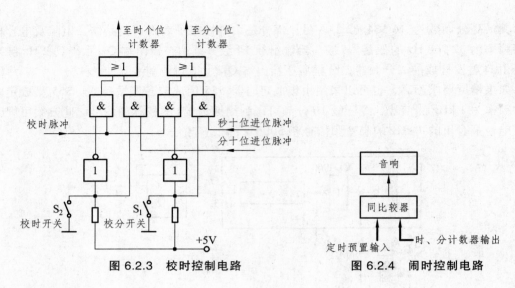

图 6.2.3　校时控制电路　　　　　　图 6.2.4　闹时控制电路

2）仿广播台整点报时

仿广播台整点报时功能的要求是：每当数字钟计时到整点前 10 秒时，通常按照 4 低音（约 500 Hz）1 高音（约 1 000 Hz）的顺序发出间断声响，以最后 1 高音结束的时刻为整点时刻。

4 声低音分别发生在 59 分 51 秒、53 秒、55 秒及 57 秒，最后一声高音发生在 59 分 59 秒，持续时间均为 1 秒。所以，报时时，分计数器十位的状态为 $(Q_DQ_CQ_BQ_A)_{M2}=0101$，个位的状态为 $(Q_DQ_CQ_BQ_A)_{M1}=1001$；秒计数器十位的状态为 $(Q_DQ_CQ_BQ_A)_{S2}=0101$，个位计数器的状态见表 6.2.1。由以上分析可以看出，只有当 $Q_{CM2}Q_{AM2}=11$，$Q_{DM1}Q_{AM1}=11$，$Q_{CS2}Q_{AS2}=11$ 及 $Q_{AS1}=1$ 时，音响电路才能工作；且当 Q_{DS1} 为 0 时，500 Hz 输入；为 1 时，1 000 Hz 输入。参考电路原理如图 6.2.5 所示。

表 6.2.1　秒个位计数器状态表

CP（秒）	Q_{DS1}	Q_{CS1}	Q_{BS1}	Q_{AS1}	功能
50	0	0	0	0	
51	0	0	0	1	鸣低音
52	0	0	1	0	停
53	0	0	1	1	鸣低音
54	0	1	0	0	停
55	0	1	0	1	鸣低音
56	0	1	1	0	停
57	0	1	1	1	鸣低音
58	1	0	0	0	停
59	1	0	0	1	鸣高音
00	0	0	0	0	停

136

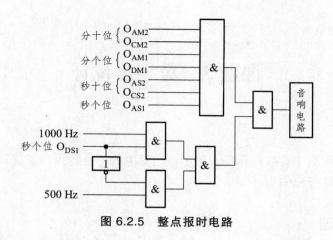

图 6.2.5　整点报时电路

扩展功能还有诸如整点报时数、触摸报时等功能。

三、设计任务和要求

1．基本功能

用 CPLD 设计并制作一台能显示时、分、秒的数字钟，要求有校时、校分功能。

2．扩展功能

（1）整点报时。整点报时电路要求在每个整点前鸣叫 4 次低音（500 Hz），整点时再鸣叫 1 次高音（1 kHz）。

（2）闹时功能。当时钟走到设定的时刻时，即发出音响。

*（3）报整点时数。报整点时数电路的功能是：每当数字钟计时到整点时发出声响，是几点钟就响几声。

四、可选用的元器件

选用一片大规模可编程逻辑器件实现。

课题3 数字水位计

一、目 的

本课题是数字电路中计数、译码、显示、运算等的综合运用。通过设计进一步掌握大规模可编程器件的设计与应用。

二、设计原理

水位计的原理框图如图 6.3.1 所示。水位传感器将水位信号转换成电容量，再经电容/频率电路转换成频率不同的方波信号。

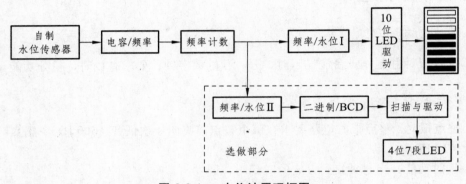

图 6.3.1 水位计原理框图

1. 水位传感器

本设计可采用如图 6.3.2 所示易于实现的导线电容式水位传感器，水位高度 H 与对应电容 C 有如图 6.3.3 所示的关系曲线。水位与电容的关系为：

$$C = aH + b$$

式中，a、b 为固定参数，大小与导线的直径和形状有关，需在实验中确定。

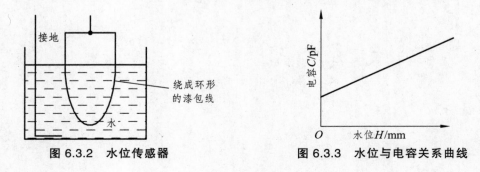

图 6.3.2 水位传感器   图 6.3.3 水位与电容关系曲线

2. 电容/频率转换

电容/频率电路可以用由 555 定时器构成的振荡器完成，水位传感器作为其振荡电容。

三、设计任务

设计并制作一水位显示与控制电路。要求如下：
（1）给出无水、水满等控制信号；
（2）用 10 个发光二极管作为水位高低的指示；
（3）数字显示水位（选做）。

四、可选用的元器件

CPLD、555 定时器、三极管、漆包线、发光二极管、七段数码管等。

课题 4   中文字符显示器

一、目 的

随着电子技术的发展，各种字符显示器已出现在许多场合，其中中文显示也有很大的发展，尤其是随着中、大规模集成电路的出现，大量的信息可以存储在一个芯片中，使中文显示的应用范围越来越广泛。本课题将以 CPLD 为核心部件，介绍显示器的电路设计方法及字符显示的设计。

二、设计原理

图 6.4.1 是字符显示器的基本组成框图。其中 ROM 只读存储器用于存放各种字符或图案，由于它是由若干只发光二极管组成的点阵显示屏，因此需要在行选通线和列选通线的控制下才能显示出字符来。提供行选通线的电路称为行选线产生电路，提供列选通线的电路称为列选线产生电路。地址计数器为 ROM 提供地址线，它的计数脉冲由时钟脉源提供。

电路的工作原理是：在时钟脉冲的作用下，地址计数器计数，ROM 相对应的地址单元中的代码输出，以驱动列选通线产生电路。地址计数器同时又为行选通线产生电路提供地址线，随着地址计数器的计数值的变化，发光二极管显示屏逐行扫描，显示屏上显示出字符或图案。各单元设计指导如下。

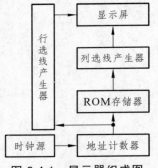

图 6.4.1   显示器组成图

1．发光二极管显示屏

发光二极管显示屏主要用来显示字符或图案。根据发光二极管排列的矩阵形状，8×8 是最基本的矩阵。但这种简单矩阵显示的字符太小，不便观看。为了增大显示字符，可将多块 8×8 矩阵组合成不同形状的矩阵阵，如 16×16，16×256，256×256 等。为了节约器件，本实验选用 16×8 的矩阵显示屏。它有 16 根行选线和 8 根列选线，其中行选线接发光二极管的正极，列选线接发光二极管的负极。当显示字符时，需要显示的字符由 EPROM 提供，显示屏的列选线与 EPROM 的数据输出端相连（故图 6.4.1 中的列选线产生电路实际上就是 8 位反相驱动器）。显示屏的行选线受行选线发生器控制，当一根行线为高电平时，该行被选通，这时与该行线连接的发光二极管，只要其列线为低电平，该发光二极管就被点亮。

2．ROM 存储器

ROM 实现有两种选择：一是用译码方法（CPLD 器件）；二是利用 FPGA 内嵌模块定制（参考 3.5 节）。

3. 字符设计

首先将要显示的字符描在方格坐标纸上（方格与发光二极管矩阵显示屏的点阵排列相对应），字符的形状、大小可根据需要设定。例如显示字符"中"，在16×8方格纸上描出图形如图6.4.2所示。其中画点处表示该点对应的发光二极管"亮"，未画点的所有格点代表发光二极管"灭"。

然后根据发光二极管的亮灭状态，确定写入 ROM 内容。例如图6.4.2所示的"中"字代码表如表6.4.1所示。

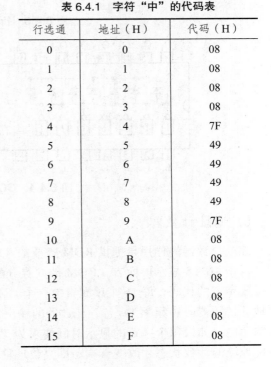

图 6.4.2　显示字符"中"

表 6.4.1　字符"中"的代码表

行选通	地址（H）	代码（H）
0	0	08
1	1	08
2	2	08
3	3	08
4	4	7F
5	5	49
6	6	49
7	7	49
8	8	49
9	9	7F
10	A	08
11	B	08
12	C	08
13	D	08
14	E	08
15	F	08

4. 行选线产生器

行选线产生器的输出控制发光二极管显示屏的行线，其输入端与 ROM 的低位地址相同。当低位地址端 $A_0 \sim A_3$ 由 0000～1111 变化时，行选线产生器的输出依次选通发光二极管显示屏的16根行线，使显示屏按照所显示的字符迅速显示一遍。只要选择合适的工作频率，不断重复 $A_0 \sim A_3$ 的变化，即可在人的视觉中产生一个完整的字符，并且保留一段时间，根据以上分析，行选线产生器实际上完成译码器功能，因此可用译码器来实现。如图 6.4.3 所示。其中 74LS154 为 4-16 线译码器，由于一行的 16 只发光二极管全部亮时，约需要 100 mA 的电流，所以要采用输出电流较大的驱动器。图中选用了晶体管 3DG12（$I_{CM}=300$ mA）小功率管来提供驱动电流。也可选用集成电路驱动器，如 CMOS CC1413（或 ULN2003A），其内部有 7 个反相驱动单元，每单元采用了达林顿晶体管结构的驱动电路，如图 6.4.4 所示，输出端均为集电极开路结构，每路输出可提供 100 mA 的驱动电流。

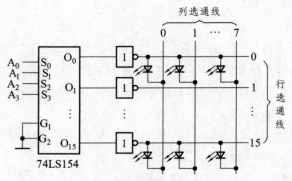

图 6.4.3　行选线产生电路

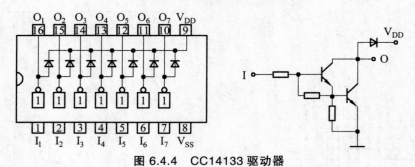

图 6.4.4　CC14133 驱动器

5. 地址计数器

地址计数器的作用是提供 ROM 需要的地址线。

对于 16×8 显示屏而言，ROM 的内存分配为：低 4 位地址线 $A_0 \sim A_3$ 产生的地址单元用于存放字符的代码，每 16 个单元存放一个，高 9 位地址线 $A_4 \sim A_{12}$ 用来控制字符的转换。低位地址计数器时钟频率为 f_{1CP}，计数器的输出控制 ROM 的 $A_0 \sim A_3$，完成字形按顺序循环输出的功能。如果每个字符的显示时间要求为 T 秒，则循环时间应保留 T 秒。当 T 秒结束后，高位地址的计数状态才改变一次，即高位地址计数器的时钟频率 $f_{2CP} = 1/T$。

6. 时钟脉冲源

时钟脉冲源的作用是提供地址计数器需要的计数脉冲。上述分析表明，低位地址计数器的时钟脉冲的频率 f_{1CP} 应比高位地址计数器的时钟脉冲的频率 f_{2CP} 高很多，即

$$f_{1CP} \gg f_{2CP}$$

因为 f_{1CP} 越高，低位地址计数器计数速度越快，行扫描一个字符的速度亦越快，屏上显示的字符就越稳定。根据人眼的视觉暂留特性，如果 1 秒内有 50 幅断续画面出现，则看到的将是一幅连续的画面或者是一幅稳定的图案。由于一个字符完整的显示一次需要 16 个脉冲，故

$$f_{1CP} \geqslant 16f_0 = 800 \text{ Hz}$$

式中的 $f_0 \approx 50$ Hz。

$$f_{2CP} = 1/T$$

142

式中的 T 为一个字符显示时间。

因 f_{1CP} 较高，可以选用反相器和 RC 组成的时钟振荡器或者 555 组成的 RC 多谐振荡。而 f_{2CP} 因其频率较低（一般低于 1 Hz），所以可采用 555 组成的低频振荡器或由 f_{1CP} 经分频器而获得。

三、设计任务和要求

（1）设计一位中文字符显示器，要求每次显示一个字，每个字 16×16 个点阵，每个字显示时间约 1 秒，至少能够连续显示 4 个以上的字。

（2）显示一幅活动的画面，如花开、红旗飘动等。

（3）字符移动显示（上下或左右移动）。

（4）选做功能：自拟其他显示功能或增加声效等功能。

四、可选用的元器件

CPLD 器件及 555 定时器等。

课题 5   超低频三相基准信号发生器

一、目　的

超低频三相基准信号发生器常用在交-交变频系统中。因信号的频率很低而且有相位要求，用模拟的方法较难实现，所以在本课题中采用数字方法和数-模转换的方法来实现。通过设计，进一步掌握大规模可编程器件和 D/A 等集成电路的应用。

二、设计原理

一种三相基准信号发生器的基本组成框图如图 6.5.1 所示。

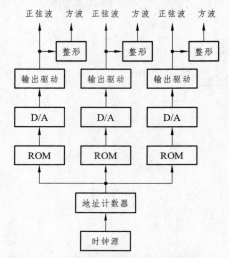

图 6.5.1   三相基准信号发生器组成框图

在时钟的作用下输出三相正弦波，三路 ROM 存储的正弦波波形参数相差 120°，设计可参考 3.5 节。

三、设计任务和要求

设计一台信号发生器，要求能同时输出三相对称正弦信号和方波信号，每相的相位差为120°。主要技术指标如下：
（1）输出电压峰-峰值在 0～20 V 可调；
（2）输出信号的频率范围在 0.01～100 Hz 可调（可分挡）；
（3）正弦波失真度＜±5%；
（4）三相波形的相位差误差可以手动调整。

四、可选用的主要元器件

DAC0832，CPLD，运算放大器。

课题 6　电梯控制器

一、目　的

熟悉数字系统设计方法，通过设计进一步掌握大规模可编程逻辑器件的设计与应用。

二、设计原理

4 层电梯控制器框图如图 6.6.1 所示。

三、设计任务和要求

设计一个 4 层楼房全自动电梯控制电路，其功能如下：

（1）每层楼电梯入口处设有上、下请求开关各 1，电梯内设有乘客到达层次的停站要求开关。

（2）有电梯所处位置指示装置和电梯上行、下行状态指示装置。

（3）每秒升（降）一层楼。到达某一层楼时，指示该层次的灯发光，并一直保持到电梯到达新一层为止。

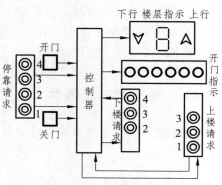

图 6.6.1　自动电梯框图

（4）电梯到达有停站请求的楼层后，该层次的指示灯亮，经过 0.5 s，电梯门自动打开，开门指示灯亮；开门 5 s 后，电梯门自动关闭（开门指示灯灭），电梯继续运行。

（5）能记忆电梯内、外的所有请求信号，并按照电梯运行规则依次响应，每个请求信号保留至执行后撤除。

（6）电梯运行规则：电梯处于上升模式时，只响应比电梯所在位段高的层次的上楼请求信号，由下而上逐个执行，直到最后一个请求执行。如最高楼层有下楼请求，则直接升到有下楼请求的最高楼层接客，然后便进入下降模式。电梯处于下降模式时，仅响应比电梯所在位置低的楼层的下楼请求，由上到下逐一解决，直到最后一个请求被处理完毕。如最低楼层有上升请求，则降至该楼层，并转入上升模式。电梯执行完所有的请求后，应停在最后所在位置不变，等待新的请求。

（7）开机（接通电源）时，电梯应停留在一楼，各种上、下请求皆被消除。

设计提示：

（1）提供的 6 只按键开关作为上楼（3 个）、下楼（3 个）请求开关。另用 4 只开关作为乘客进入电梯所按目的楼层开关。

（2）电梯所在楼层位置用数码管显示，另用 2 只发光二极管显示上行状态和下行状态。

（3）利用发光二极管（6 只）作为开门指示，其时序如图 6.6.2 所示。

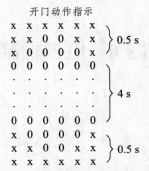

开门动作指示

```
x x x x x x
x x 0 0 x x  } 0.5 s
x 0 0 0 0 x
0 0 0 0 0 0  ┐
· · · · · ·
· · · · · ·  } 4 s
· · · · · ·
0 0 0 0 0 0  ┘
x 0 0 0 0 x
x x 0 0 x x  } 0.5 s
x x x x x x
```

图 6.6.2 电梯开门动作指示

（4）对电梯开门时间可以要求延长，每按一次延长键，自按键时开始延长 5 s，可以连续使用。也可提前关门（按动关门键）。

（5）运行过程中，不断判断前进方向是否存在上楼请求或下楼请求信号，如到达某层后，上、下方均无请求，则电梯停在该层，中止运行。

四、可选用的元器件

大规模可编程逻辑器件、定时器等。

课题 7　简易数控电源控制电路

一、目　的

熟悉模拟和数字混合系统设计方法，进一步掌握 CPLD、D/A 及功率器件的设计与应用。

二、设计原理

数控电源控制电路框图如图 6.7.1 所示。其中 BCD/二进制模块、可逆计数器模块可参考第 5 章有关实验内容。

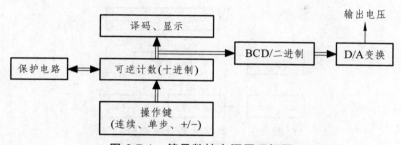

图 6.7.1　简易数控电源原理框图

三、设计任务和要求

1．基本要求

（1）输出电压范围为 0~9.9 V，步进 0.1 V；
（2）输出电压用数码管显示；
（3）由"＋"、"－"键分别控制输出电压步进增或减。

2．提高部分

（1）输出电压可预置在 0~9.9 V 的任意值；
（2）输出电压可自动增加或减少（步进不变）；
（3）增加保护电路：输出电压不允许发生从 0.0→9.9（或 9.9→0.0）的跳变。

四、可选用的元器件

大规模可编程逻辑器件、定时器等。

课题 8　数字脉搏计

一、目　的

熟悉信号提取、数字控制与显示电路的设计方法，进一步掌握模拟和数字综合电路的设计与应用。

二、设计原理

数字脉搏计框图如图 6.8.1 所示。

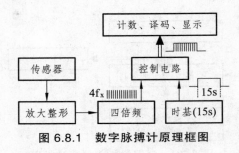

图 6.8.1　数字脉搏计原理框图

三、设计任务和要求

设计一数字显示的心律脉搏计。

1．基本功能要求

成人脉搏数：（60～80 次/分）；
婴儿脉搏数：（90～100 次/分）；
老人脉搏数：（100～150 次/分）数字显示脉动数。

2．提高部分

若出现心律不齐，则应告警。

四、可选用的元器件

传感器、运算放大器、大规模可编程逻辑器件、定时器等。

课题 9 简易电子琴电路

一、目　的

熟悉数字系统设计方法，进一步掌握大规模可编程逻辑器件的设计与应用。

二、设计原理

用纯硬件实现乐曲演奏的电路逻辑较为复杂，如果不借助于功强大的 EDA 工具和硬件描述语言，用传统的数字逻辑设计方法是难以实现乐曲演奏的。

本设计参考电路原理框图如图 6.9.1 所示。

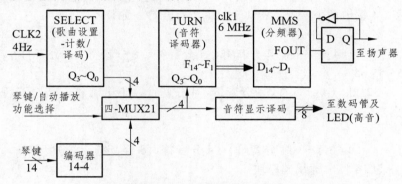

图 6.9.1　乐曲演奏原理框图

因组成乐曲的每个音符的频率值及其持续的时间是连续演奏乐曲所需的两个基本数据。故框图中各模块功能如下：

（1）MMS 模块为数控分频器，其输出频率 f_{out} 由预置数 $D_{14} \sim D_1$ 决定并对应于每个音符频率，$D_{14} \sim D_1$ 的计算方法见第 5 章实验 7。

C 调音符与频率值对照见表 6.9.1。

（2）TURN 模块为音符译码电路，完成将音符代码译为分频器的置数。

表 6.9.1　C 调音符频率值

C 调音符代码 （Q3..Q0）	f_o（Hz）	f_{out}（Hz）
1	523.251 1	1 046.502
2	587.329 5	1 174.659
3	659.251 1	1 318.502
4	698.456 5	1 396.913
5	783.990 9	1 567.982
6	880	1 760
7	987.766 6	1 975.533

C 调音符代码 （Q3..Q0）	f_o（Hz）	f_{out}（Hz）
8	1 046.502	2 093.004
9	1 174.659	2 349.318
10	1 318.51	2 637.02
11	1 396.913	2 793.826
12	1 567.982	3 135.964
13	1 760	3 520
14	1 975.5	3 951

（3）SELECT 为计数译码器，它按乐曲演奏音符顺序计数，并将计数状态译为相应的音符代码，其 4 Hz 时钟频率作为节拍控制，译码的音符按节拍填写，本设计采用每拍 0.5 s，用 4 Hz 时，每 1/4 拍填两个音符，每 1/8 拍填 1 个音符。如：

4/4 拍：

| 6　5　-　65 | （4 分音符、4 分音符、4 分音符、8 分音符、8 分音符）

填：| 66 55 55 65 |

| 2　-　-　3212 | （4 分音符、4 分音符、4 分音符、16 分音符、16 分音符、16 分音符、16 分音符）

2/4 拍：

| 3 2 | 1 23 |　　（4 分音符、4 分音符）（4 分音符、8 分音符、8 分音符）

（4）编码器为 14 位琴键编码模块。

三、设计任务和要求

设计并制作一个 14 键单音电子琴，并具有以下功能：

1．基本要求

（1）具有一般弹奏功能；
（2）自动播放功能；
（3）数码显示音符功能；
（4）制作稳压电源。

2．发挥部分（任选）

（1）在器件资源允许的条件下，能通过选择键在多首歌曲中选择播放；
（2）输出增加功率放大电路，增加歌曲容量；
（3）增加音效或节拍可调；
（4）无线弹奏（增加无线编码发射/无线解码接收电路）。

四、可选用的元器件

大规模可编程逻辑器件、晶振等。

课题 10　红外感应亮度控制 LED 灯

一、目　的

本课题是数字电路中定时器、计数、显示等的综合运用，通过设计进一步掌握大规模可编程器件的设计与应用。

二、设计原理

红外感应 PWM 控制亮度的系统框图如图 6.10.1 所示。PWM 产生部分可参考第 5 章实验 13。

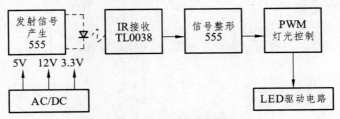

图 6.10.1　系统框图

（1）如图 6.10.2 所示的红外发射信号可由 555 电路产生或由 CPLD 产生。其中的高频部分一般为 38 kHz。

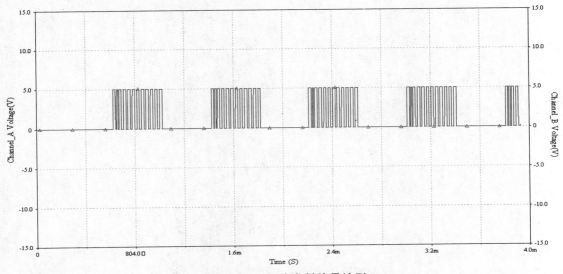

图 6.10.2　红外发射信号波形

（2）红外接收可选用一体化红外接收器如 TL0038，也可以选用单独的红外接收管构成。

（3）PWM 产生部分可参考第 5 章实验 13。

（4）LED 阵列与驱动：虽然通常为使 HB-LED 工作在最佳状态需要恒流的开关电源来驱动，但是也可以用成本低很多的 HB-LED 阵列来达到同样的效果。例如几个 HB-LED 先串联，为增加亮度还可以再并联，最后还需要一个限流电阻。

三、设计任务和要求

设计并制作一种红外感应亮度控制 HB-LED 灯，用作展板照明、走廊照明、工作台灯等。其要求如下：

（1）感应一次（如挥手），亮度依次增加或减少。

（2）亮度 16 级以上。

（3）显示采用高亮度，功率 0.5～2 W 的 LED。

四、可选用的元器件

CPLD、555 定时器、三极管、发光二极管，红外对管等。

附录1 本书实验用器件速查手册

一、部分 74 系列集成电路（见附表 1.1）

附表 1.1

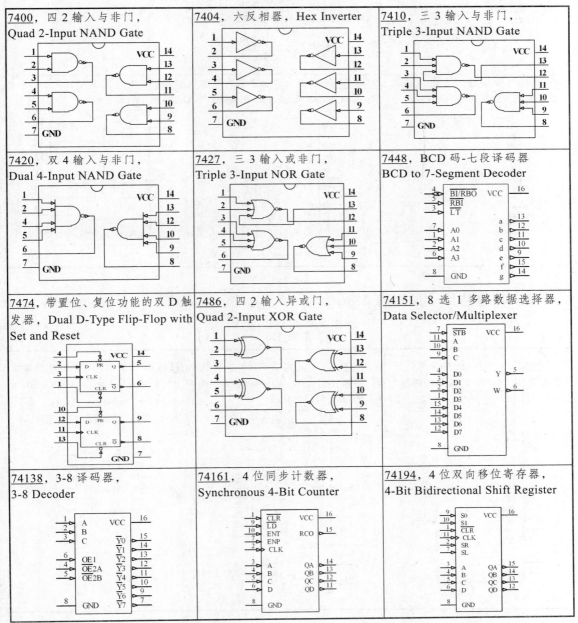

7400，四 2 输入与非门，Quad 2-Input NAND Gate

7404，六反相器，Hex Inverter

7410，三 3 输入与非门，Triple 3-Input NAND Gate

7420，双 4 输入与非门，Dual 4-Input NAND Gate

7427，三 3 输入或非门，Triple 3-Input NOR Gate

7448，BCD 码-七段译码器，BCD to 7-Segment Decoder

7474，带置位、复位功能的双 D 触发器，Dual D-Type Flip-Flop with Set and Reset

7486，四 2 输入异或门，Quad 2-Input XOR Gate

74151，8 选 1 多路数据选择器，Data Selector/Multiplexer

74138，3-8 译码器，3-8 Decoder

74161，4 位同步计数器，Synchronous 4-Bit Counter

74194，4 位双向移位寄存器，4-Bit Bidirectional Shift Register

二、部分 CMOS 器件（CD4000 系列）（见附表 1.2）

附表 1.2

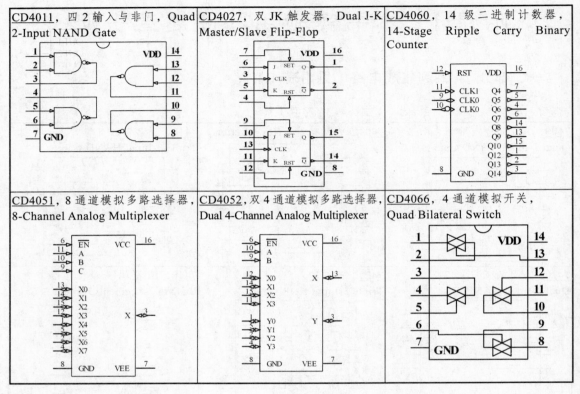

三、其他芯片（见附表 1.3）

附表 1.3

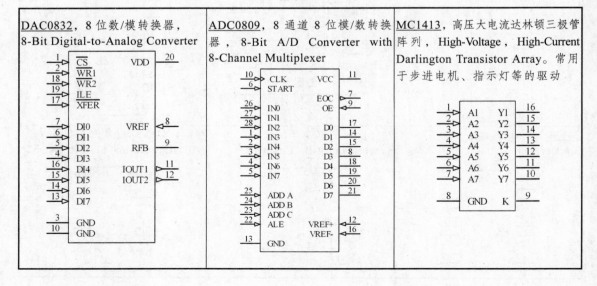

28C16，具有软件数据保护的16Kbit 并行接口 EEPROM，16K（2K×8 bit）Parallel EEPROM with Software Data Protection	28C64，具有软件数据保护的64Kbit 位并行接口 EEPROM，Parallel 64Kbit（8K×8 bit）EEPROM with Software Data Protection	ULN2003，七达林顿三极管阵列，Seven Darlington Array。常用于步进电机、指示灯等的驱动
LM324，四低功耗通用型运算放大器，Low-Power Quad Operational Amplifier		

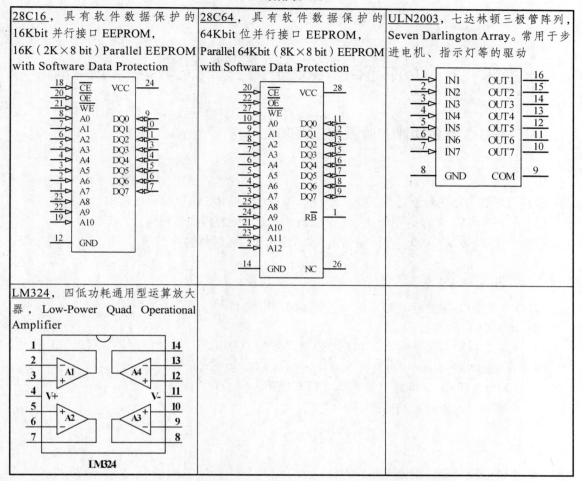

附录 2 MFB-3 数字电子技术实验器

一、MFB-3 型多功能实验器的主要功能

1. 直流电源

（1）两组联动可调稳压源：±（8～15）V、0～1 A 两组联动可调稳压输出，模拟表显示；
（2）一组 +5 V、2 A 固定输出（1 个输出插孔，0 V 为内部共地）；
（3）一组 3～6 V、100 mA 可调输出（2 个输出插孔，浮地）。

2. 逻辑信号源

（1）8 路逻辑静态信号（TTL 电平、带 LED 指示）；
（2）2 位 BCD 码拨盘开关；
（3）1 路防抖动点脉冲输出（TTL，50 Ω，带 LED 指示）；
（4）标准脉冲组（1～1024 Hz）8 选 1 输出（TTL 电平，50 Ω）；
（5）1 kHz～100 kHz 连续可调输出（TTL 电平，50 Ω）；
（6）6 MHz（有源晶振）输出。

3. 显 示

（1）4 位七段显示（带译码器）；
（2）8 位 LED 显示；
（3）示波器 4 路逻辑波形显示转换电路。
实验区（进口免焊实验板）、3 大 4 小，有可扩展性，并易于更换；配置逻辑测试笔。

二、面板功能简介

MFB-3 多功能实验器的面板结构如附图 2.1 所示。

1. 下面板区

（1）电源输出插孔：+5 V（带指示灯，电路有短路时灯灭）、0V 及正负电源输出插孔位置。
（2）8 路逻辑静态信号输出：逻辑静态信号的输出分别对下面板各插孔，其中原变量输出孔为 K0～K7，反变量输出孔为 $\overline{K0}$ ～ $\overline{K7}$。开关 Ki 按下时对应原变量刻度线 Ki 输出孔输出逻辑"0"电平（0V），弹起时输出逻辑"1"（+5 V），反变量则反之。对应指示灯按原变量电平"1"亮、"0"灭指示。

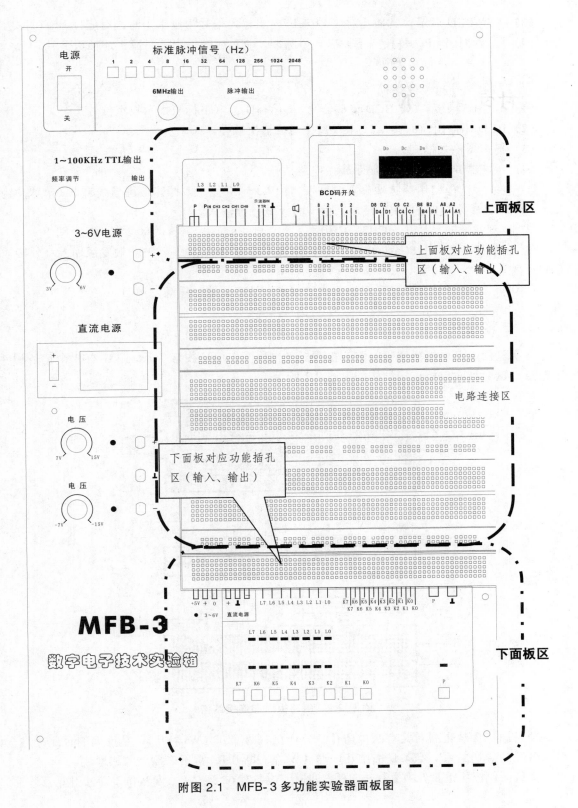

附图 2.1　MFB-3 多功能实验器面板图

157

（3）8 位 LED 显示，其插孔对应 L0～L7，当输入信号为逻辑 1 时，对应位 LED 灯亮。

（4）单脉冲按键 P，每按一下输出一个脉冲，其对应的输出孔对应上述插板 P 孔。

2．上面板区

（1）4 位七段显示（带 BCD 译码器）：A_{8421}～D_{8421}（下标数指示权重位）。

（2）BCD 码输出：8、4、2、1 权重位对应输出插孔。

（3）扬声器输入插孔。

（4）示波器 4 路逻辑波形显示转换电路插孔。

① 触发字选择：用单脉冲设置触发字，由 L3～L0 显示。操作：用导线将 P（单脉冲输出）与 PIN（转换电路的 CP）短接，由下面板 P 按键输入。

② 被测波形输入插孔：CH3～CH0。

③ 示波器通道 CH1 探头接 YIN（4 路波形单通道输出），示波器触发源输入（外接或 CH2）插孔 TR。

（说明：示波器触发源也可取被测信号中频率最低的信号作触发源。）

3．电路连接区

本实验器上可供接插实验电路的接线板（也称面包板）共有 7 条，其中有 3 个宽条和 4 个窄条，这两种面包板连接结构如附图 2.2 所示。

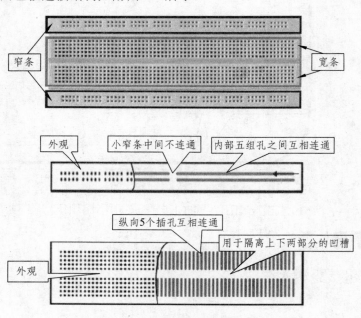

附图 2.2　电路板内部连接结构

窄条面包板从正面看共有两排插孔，分为左右两部分（W 隔开），从反面的金属片结构可知各孔的导通关系。窄条是横排孔连通（W 左右断开），常用来插电源和地线。

宽条面包板从正面看中央有一凹槽，凹槽两边各有 62 列小孔，每列的 5 个小孔相互连通，集成电路的引脚就分插在凹槽两边的小孔上。其连通关系见反面结构。宽条面包板是电路的主要布线区。

4．侧面板区

（1）直流电源：正负电源输出电压可分别调节，指示开关置于"＋"时，模拟电压表指示正电源调节值；指示开关置于"－"时，模拟电压表指示负电源调节值。

（2）1 kHz～100 kHz 连续可调输出（TTL 电平，50 Ω）；

（3）标准脉冲组 8 选 1 输出（TTL 电平，50 Ω），对应输出频率：1 Hz、2 Hz、4 Hz、8 Hz、16 Hz、32 Hz、64 Hz、128 Hz、256 Hz、1 024 Hz、2 048 Hz。

三、注意事项

（1）信号输出端严禁短路。

（2）使用中若发现电源指示灯熄灭，应先将电路与电源断开，检查电路中是否有短路情况，并予以排除。

附录3 MFB-5 型数字电路自主学习实验器

MFB-5 型数字电路自主学习实验器是一种多功能实验器，它为学习数字电路尤其是可编程数字电路提供了一个完整的实践平台，为开设数字电路课程及数字系统课程提供了学习 PLD 技术的实验环境。

一、MFB-5 型数字电路自主实验器的特点

MFB-5 型数字电路自主实验器可对 Altera 公司的 MAX II® EPM240T100 和 EPM570T100 器件进行实验。MFB-5 继承 MFB-2 的特点，主系统板与下载板（含 CPLD 器件）采用接插式结构（即"主板＋下载板"双板式），通过更换下载板可对其他 CPLD/FPGA 器件适配，同时也利于将下载板用于其他实验。

实验器基于"电路连接软件配置"的设计思想，通过软件对芯片引脚与开发器各输入、输出的连接进行定义，摒弃了大量导线的连接，提高了实验效率，减少了实验故障率。

实验器有完善的保护电路，对于电源反接、管脚输入/输出定义错误以及开关误置，均设有保护电路，以保护芯片和实验器不被损坏。

二、实验器简介

1. 实验器面板结构

附图 3.1 是实验器结构图。实验器主要组成有：下载板（含 CPLD 芯片）、输入控制、输出显示、多频时钟信号源、D/A 转换器、A/D 转换器、扬声器、稳压电源、4 踪逻辑波形显示系统、面包板实验区。

2. 主要技术性能

（1）器件 EPM570T100（EPM240T100）。
（2）电平输入开关 1～开关 16（带发光二极管显示）。
（3）脉冲输入键 1～键 16（带发光二极管显示）。
（4）输出显示，包括：
① LED 显示 24 位。
② 七段数码管（动态）8 位。
③ 4 双色发光二极管（模拟十字路口红绿交通灯）。
（5）标准时钟信号源，包括：
① 由 CD4060 通过晶振产生的 2、4、8、64、128、256、512、1024、2048、32 768 Hz 等 10 组标准时钟信号。

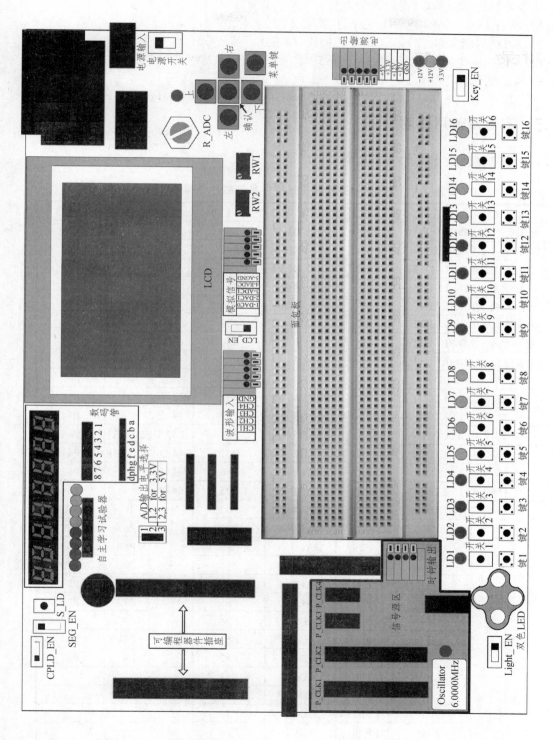

附图 3.1　实验器结构图

② 由有源晶振产生的 6 MHz 标准时钟信号。

③ 单步脉冲信号 ST（经消抖处理）。

（6）所有 I/O、时钟均可引出进行扩展实验。

（7）A/D 转换器（8 位）、双 D/A 转换器（8 位）。

（8）4 踪稳压电源输出（＋3.3 V，＋5 V，＋12 V，－12 V）。

（9）4 踪逻辑波形显示。

三、实验器使用说明

CPLD 下载板与主板连接关系见附表 3.1。

附表 3.1　自主学习实验器主板器件名与芯片引脚号对照表

主板器件名		CPLD	主板器件名		CPLD	主板器件名		CPLD
键 1/开关 1/LD1/LED14R		P2	数码管	DIG4	P48	DAC1_7		未锁定到 CPLD 芯片
键 2/开关 2/LD2/LED14G		P3		DIG3	P47	DAC1_6		
键 3/开关 3/LD3/LED13R		P4		DIG2	P42	DAC1_5		
键 4/开关 4/LD4/LED13G		P5		DIG1	P41	DAC1_4		
键 5/开关 5/LD5/LED12R		P6	扬声器		P100	DAC1_3		
键 6/开关 6/LD6/LED12G		P7	D0		P53	DAC1_2		
键 7/开关 7/LD7/LED11R		P8	D1		P54	DAC1_1		
键 8/开关 8/LD8/LED11G		P15	D2		P55	DAC1_0		
键 9/开关 9/LD9		P16	D3		P56			
键 10/开关 10/LD10		P17	D4		P57	P12/全局时钟 0		P12
键 11/开关 11/LD11		P18	D5		P58	P14/全局时钟 1		P14
键 12/开关 12LD12		P19	D6		P61	P43/DEV_OE		P43
键 13/开关 13/LD13		P20	D7		P67	P44/DEV_CLRn		P44
键 14/开关 14/LD14		P21	DAC0_7		P96	P62/全局时钟 2		P62
键 15/开关 15/LD15		P26	DAC0_6		P95	P64/全局时钟 3		P64
键 16/开关 16/LD16		P27	DAC0_5		P92	未分配	P1	P1
数码管	a	P28	DAC0_4		P91		P68	P68
	b	P29	DAC0_3		P89		P69	P69
	c	P30	DAC0_2		P87		P70	P70
	d	P33	DAC0_1		P86		P71	P71
	e	P34	DAC0_0		P85		P72	P72
	f	P35	ADC7		P84		P73	P73
	g	P36	ADC6		P83		P74	P74
	h	P38	ADC5		P82		P97	P97
	dp	P40	ADC4		P81			
	DIG8	P52	ADC3		P78			
	DIG7	P51	ADC2		P77			
	DIG6	P50	ADC1		P76			
	DIG5	P49	ADC0		P75			

1. CPLD 下载板

目前下载板支持两种芯片，分别是 EPM240T100 和 EPM570T100，下载板有 10 针下载电缆接口，3.3 V 稳压电源。可通过计算机直接对芯片下载 pof 文件，进行编程。下载板也可以接上插座用在万用 PCB 上。

注意：下载板插入主板时须注意方向，并注意对齐引脚。下载板供电由开关 CPLD_EN 控制，CPLD_EN 拨向左边时，主板向下载板供电，拨向右边时则主板不对下载板供电。

2. 输入控制

主板输入有两种模式：电平输入（开关 1～开关 16）和脉冲输入（按键 1～按键 15），两种功能复用，即开关 1 与按键 1……开关 16 与按键 16 分别共用一个 I/O 口。

（1）电平输入（开关 1～开关 16）：开关拨上，输出高电平（+3.3 V），对应位指示灯亮（LDn）；开关拨下，输出低电平（0V），对应位指示灯灭。

（2）脉冲输入（按键 1～按键 16）：按下按键时输出高电平，松开按键时输出低电平，完成一个脉冲输入（无防抖动处理）。

3. 输出显示

输出显示有三种模式：发光二极管显示、双色发光二极管显示和七段数码管动态扫描显示。

（1）发光二极管显示：LD1～LD16 以及 D0～D7 均已固定连接到下载板插座引脚上，CPLD 的 I/O 输出或输入为高电平时，对应发光二极管点亮。LD1～LD16 由 Key_EN 总控，Key_EN 拨向右边时，LD1～LD16 可以被点亮；Key_EN 拨向左边时，LD1～LD16 不能点亮。

（2）双色发光二极管：LED11～LED14 为红绿双色发光二极管，分十字形排列，可以很好地模拟十字路口的交通灯。每一个双色发光二极管都封装有两个发光核心，分别可以发出红光和绿光，同时发光时则显示橙色。LED11～LED14 和 LD1～LD8 共用 I/O 口。LED11～LED14 由它们旁边的开关 Light_EN 总控，Light_EN 拨向右边时，双色发光二极管接入电路，可以点亮；而 Light_EN 拨向左边时，双色发光二极管不能点亮。

（3）8 位七段数码管显示：8 位七段显示由两个 4 位共阳型数码管及其驱动电路组成，两个数码管相同的段都连接到一起，每一个位选端由一个 PNP 型晶体管驱动。所有的段信号、位信号都连接到特定的 CPLD 引脚上。为方便做非 CPLD 可编程实验，还专门设了一个位选开关，位选开关 S_LD 闭合后，不需位选信号即可点亮最后一个数码管。七段显示电路还设置了一个电源开关 Seg_EN，电源开关断开后，所有数码管不能点亮，并且由于晶体管的单向导电性，与 CPLD 相连的端口呈高阻态，不对 CPLD 这些端口的其他使用造成影响。电路如附图 3.2 所示。

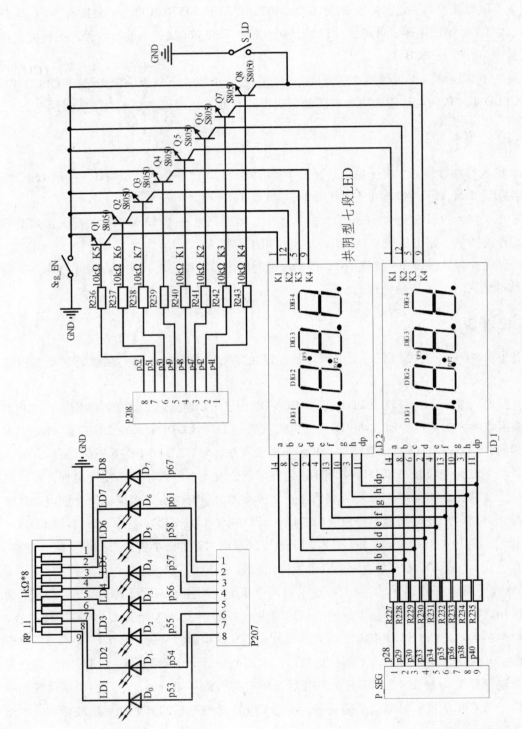

附图 3.2　部分显示电路原理图

4. 扬声器输出

主板有一个扬声器输出，可进行音乐、告警等音响实验。

5.4 踪逻辑波形显示系统

4 踪逻辑波形显示有实时回放、存储回放两种回放模式，可以对其中 1 踪信号（CH1）测量频率，采样率可在 50 sps～200 Ksps 调节，采用电平触发。所有参数设置均通过键盘在菜单中进行，按菜单键进入/退出菜单，确认键确认相关设置，方向键滚动光标和改变参数。建议将采样率设为最高被测信号频率的 3～10 倍（系统默认为 10 Ksps）。频率计最高测试值为 6.25 MHz。

1）触发控制

实时采样回放时，为使看到的波形稳定，必须在输入信号满足特定状态时触发一次采样并回放，当这一个触发状态周期性出现时，显示的波形就是稳定的。

本系统采用了字触发方式，可以设置一级触发字，触发字为 4 位。系统启动时默认的触发字是 0000b。若输入信号中没有与触发字对应的状态，则采样不能触发，也即不能显示波形或者之前显示的波形不能刷新。

2）实时回放模式

当系统被设置为实时回放时（系统默认设置），每当采集到 32 个点（显示一屏波形所需要的数据量）时进行一次波形显示，同时显示刻度尺、当前采样率、CH1 所接信号的频率、当前触发字。显示完以上信息后，等待下一次的触发。附图 3.3 是实时回放界面。

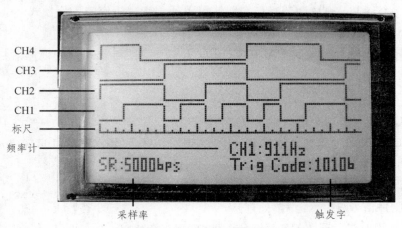

附图 3.3　实时回放界面

3）存储回放模式

系统被设置为存储回放时，采集到 2000 个点就停止采样并显示所采波形的前 32 个点，同时显示刻度尺、当前采样率、CH1 所接信号的频率、当前触发字、时间标志线以及对应时间标志线上的 4 路输入信号的逻辑状态。显示完以上信息后，等待按键。此时按确认键则重新执行一次采样存储回放，按向左键时间标志线向左移一个点，按向右键时间标志线向右移一个点，按向上键则波形向左平移 2 个点，按向下键波形向右平移 2 个点，按菜单键则进入菜单设置。

为方便读取波形的逻辑状态值，系统设置了在存储回放模式下显示时间标志线的功能，并且可以直接显示时间标志线处的逻辑状态值。

6. ADC/DAC 转换电路

ADC/DAC 只能在进入 ADC/DAC 菜单时工作，退出菜单时 ADC/DAC 被关闭。为配合简单实验的需要，实验器还设置了一个用于产生 0～3.3 V 模拟电压的电位器 R_ADC。

ADC/DAC 实验有两种模式可供选择。在做观察性实验时选择低速模式，转换时间约为 15 ms，可在液晶屏上同时显示 ADC 和 DAC 的数据字；高速模式时转换时间为 2.5 µs，液晶屏不显示数据字。两种模式均只能在进入 ADC/DAC 实验菜单时工作，工作时按下任何功能键均可退出 ADC/DAC 实验。

ADC 与 DAC 的基准电压均是 +3.3 V，输入、输出模拟电压范围是 0～+3.3 V。

ADC 有 +3.3 V 和 +5 V 两种输出电平，通过短路帽 P201 选择，配套的 CPLD 下载板选择 3.3 V。

使用 CPLD 进行 ADC 实验需采取如下的步骤：

① 启动系统，进入"ADC/DAC 实验"菜单项，选择相应工作模式。

② 将待测模拟信号接入"模拟信号"插座的第三个孔"ADCi"。

③ 从 ADC[7..0]即可读到 ADC 转换器的结果。

使用 CPLD 进行 DAC 实验需采取如下的步骤：

① 启动系统，进入"ADC/DAC 实验"菜单项，选择相应的工作模式。

② 将待转换数字信号接至 DAC0[7..0]或（和）DAC1[7..0]。

③ 从"模拟信号"插座的 DAC0 或（和）DAC1 即可输出相应的模拟信号。

7. 标准时钟信号源

CLK1、CLK2 可选用全部时钟信号之一：

① 由 CD4060 通过晶振产生的 2、4、8、64、128、256、512、1024、2048、32768 Hz 等 10 组标准时钟信号。

② 由有源晶振产生的 6 MHz 标准时钟信号。

③ 单步脉冲信号 ST（经消抖处理）。

CLK3 可选用时钟信号 6 MHz、2 Hz、EXCLK、PULSE 之一。

CLK4 可选用时钟信号 2048 Hz、64 Hz、8 Hz、SER_C 之一。

使用时用导线将所需的时钟信号接入锁定好的 IO 口上。例如，若电路的时钟输入脚锁定到了 P12，则需要用一根导线连接 CLK1 和 P12，并将 CLK1 的频率选择跳线置于合适的位置。

不用的时钟信号应将短路帽置于 NC 的位置。

所有时钟信号的幅值均为 3.3 V（3.3V LVCMOS）。

166

8. 外接插孔

主板有 3 排共 74 个外接输出插孔，供扩展实验用。

9. 稳压电源

为便于实验，MFB-5 实验器配备了 4 路稳压电源，指标分别为：＋5 V/0.5 A；＋3.3 V/0.5 A；＋12 V/50 mA；－12 V/50 mA。超过这些指标用电时需另配电源。

10. 面包板

原理与使用方法请参阅本书 MFB-3 实验器使用说明。

四、实验器上电操作

下载 pof 文件：
① 将编程电缆一端与下载板的 10 针插座相连，另一端与计算机相连。
② 接通主板电源和下载板电源（CPLD_EN），下载板上的电源指示灯 LED1 应点亮。
③ 启动 Quartus II 软件，下载 pof 文件，对芯片进行硬件编程。

五、注意事项

（1）不用的开关应当拨向下，以免与 CPLD 输出产生冲突。
（2）使用过程中须爱惜实验器材，轻拿轻放，不可乱拨乱撅开关。
（3）"波形输入"、"时钟输出"、"模拟信号"、"电源输出"插座须用较钝的螺丝刀或者直接用手按压方可插拔电线。不可用镊子、笔尖、小刀等尖利物，以免损坏插座。
（4）使用过程中应避免线头、元件等导体落入实验器。
（5）液晶显示器右侧的散热器在使用过程中会发热，小心烫手。

附录 4　DE2 开发平台

DE2 是 Altera 针对大学教学推出的 FPGA 开发平台。DE2 为用户提供了丰富的外设及多媒体特性，并具有灵活可靠的外设接口设计。DE2 平台能帮助使用者迅速理解和掌握 FPGA 产品的设计技巧，并提供系统的设计验证。Altera 公司为 DE2 板提供了一套支持文件，例如学习指导、现成的教学实验练习和丰富的插图说明。

一、DE2 套件

附图 4.1 是 DE2 开发包的照片。

附图 4.1　DE2 开发包

DE2 开发包中包含以下组件：

① DE2 开发板；

② 用于 FPGA 配置和调试的 USB 连接线；

③ 一张 CD 光盘，包括 DE2 说明文件和相关材料、用户手册、控制面板的作用、参考设计和范例、设备数据表、指南、一套实验练习题；

④ CD 里面有 Altera's Quartus Ⅱ 网络版，Nios Ⅱ 嵌入式设计评估版软件；

⑤ 6 个硅胶支撑柱，一些 I\O 口的插针；

⑥ 开发板的塑料包装；

⑦ 9V 直流电源。

二、板上硬件资源及布局（见附图 4.2）

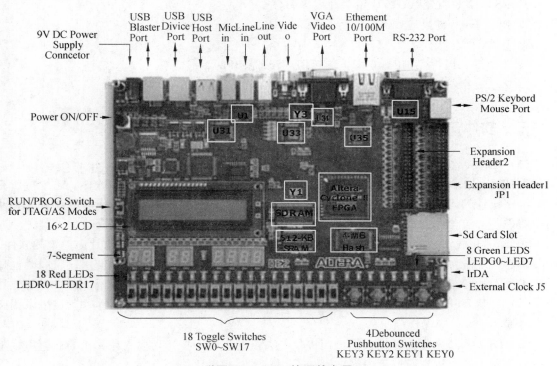

附图 4.2　DE2 的硬件布局

DE2 平台上提供的硬件资源如下：

① Altera Cyclone Ⅱ 2C35 FPGA 芯片；

② Altera 串行配置设备-EPCS16；

③ 用于配置的 USB Blaster（板上）和用户 API，支持 JTAG 和支持主动配置模式（AS）；

④ 512-Kbyte SRAM；

⑤ 8-Mbyte SDRAM；

⑥ 4-Mbyte Flash memory；

⑦ SD Card 接口；

⑧ 4 个按键 KEY0～KEY3；

⑨ 18 个拨动开关 SW0～SW17；

⑩ 18 个红色 LED 灯 LEDR0～LEDR17；

⑪ 8 个绿色 LED 灯 LEDG0～LEDG7；

⑫ 2 个板上时钟源：50 MHz 晶振 Y1 和 27 MHz 晶振 Y3，也可通过 J5 使用外部时钟；

⑬ 24 位 CD 品质音频的编/解码器 WM8371（U1），带有麦克风的输入插座，线路输入插座和线路输出插座；

⑭ VGA DAC（10-bit 高速 3 路 DAC）U34 以及 VGA 输出接口；

⑮ 支持 NTSC 和 PAL 制式的 TV 解码器（U33）以及 TV 输入接口；

⑯ 10/100 以太网络控制器（U35）和网络接口；

⑰ USB 主从控制器（U31）和 USB 接口（A 型和 B 型）；

⑱ RS-232 收发器（U15）和 9 针连接器；

⑲ PS/2 鼠标/键盘连接器；

⑳ IrDA 收发器；

㉑ 2 个带二极管保护的 40 脚扩展接口（JP1 和 JP2）；

㉒ 2×16 字符的 LCD 模块。

三、软件安装

（1）Altera 软件安装套件含有两片光盘：

① Quartus Ⅱ 网络版光盘。用户使用 DE2 开发板需要从这张光盘安装软件。它支持所有逻辑电路设计的设计步骤。安装光盘时只需将光盘插入光驱然后依指示操作即可。Quartus Ⅱ 的使用说明都包含在 DE2 系统光盘里。

② Nios Ⅱ 嵌入式处理器 CD 盘。使用到 Nios Ⅱ 嵌入式处理器时需要这片光盘上的软件。Nios Ⅱ 处理器作为一个功能强大而且容易使用的处理器在工业中被广泛地使用，它同时也是一个优秀的学习工具。

（2）安装 USB Blaster 驱动软件，在"Getting start with Altera's DE2 Board"这个说明文件中已提到。

（3）DE2 系统光盘为开发板的使用提供了大量的材料。将光盘插入计算机的光驱里，用户在显示器上应该看到有以下内容：

① DE2 用户手册和器件手册。用户完全手册都在 DE2_user_maual 的文件夹里。DE2 板上每一个器件的数据手册在 Data Sheets 文件夹下。

② DE2 电路图。所有基于 DE2 的电路详解图都在 DE2_schematic 的文件夹下。

③ 说明书。说明书包含在 DE2_turorials 的文件夹下，它讲解了如何使用 Quartus Ⅱ 软件和 DE2 板，主要包括 Quartus Ⅱ 介绍、DE2 板入门、使用 LPM 库文件、时序分析、Quartus Ⅱ 仿真以及利用 Quartus Ⅱ 软件使用 Nios Ⅱ 和 SOPC Builder。

④ 实验练习。光盘中提供了一套现成的用于教学的实验练习，这些练习将有助于自学，或者作为实验室重要的一部分服务于大学和大专的数字逻辑课程。这些可以在 DE2_lab_exercises 文件夹下找到。

⑤ 演示。所有的演示图解了 DE2 板的特点，它包含在 DE2_demonstrations 文件夹下。每一个实例都提供了可以下载到 DE2 板上的程序文件以及 Verilog HDL 的源代码。

⑥ DE2 控制面板。这个应用程序在 PC 平台的 Windows XP 环境下运行，可以通过 USB 电缆使用远程控制 DE2 板。DE2 控制面板在 DE2_control_panel 的文件夹下，控制器面板的使用说明在 DE2 的用户手册里。

四、通电测试 DE2

为了能够在 DE2 板上实现电路设计，有必要安装附带的软件。如果没有安装任何软件，简单的电源测试也能够进行。

（1）插上电源（交流电源 100 V/240 V 到直流 9 V 的转换），确保 RUN/PROG 开关打在 RUN 状态。

（2）用 USB 电缆连接计算机和 DE2 板。

（3）将 DE2 上的 VGA 连接器连到 VGA 显示器上，然后用绿色的输出线把音频连接器连到扬声器或者耳机上。

（4）按下红色的电源按钮，打开 DE2 的电源，将可以观察到以下情况：

① 蓝色电源指示灯亮及蓝色的状态指示灯亮。

② 七段数码管显示器显示一系列的字符。

③ 红色和绿色的 LED 闪烁。

④ VGA 显示器显示彩色图案。

⑤ 当 SW17 开关开的时候，音频输出将产生嗡嗡声，断开 SW17，然后通过麦克风发声。

⑥ LCD 显示 Welcome to the Altera DE2 。

五、使用 DE2 开发板

下面将介绍如何使用 DE2 并介绍它的每个 I/O 设备。

1. FPGA

DE2 选用的 Altera 公司的 CycloneⅡ系列的 FPGA 的 EP2C35F672 芯片。其封装为 672 脚的 FlineBGA，最多可以有 475 个 I/O 引脚供用户使用。

2. 配置 CycloneⅡFPGA

DE2 内置了 USB Blaster 电路，只需用一根 USB 电缆将 DE2 与电脑连接起来就可以进行编程。DE2 包含一个存储了 CycloneⅡFPGA 配置数据的串行 EEPROM 芯片。每次加电时，这个配置将自动从 EEPROM 装载到 FPGA 中。使用 QUARTUS 软件可以随时对 FPGA 编程，同样也可以修改存储在 EEPROM 中的非易失数据。这两种编程方法在下面介绍。

（1）JTAG 编程：配置数据流是直接下载到 CycloneⅡFPGA 的。只要板子一直供电，FPGA 将保存这个配置，断电后该配置将丢失。

JTAG 模式配置 FPGA 步骤如下：

① 确认电源已经打开。

② 连接 USB 电缆到 DE2 的 USB BLASTER 端口。

③ 将 RUN/PROG 开关（在板的左侧）置于 RUN 的位置，以配置 JTAG 编程电路。

④ 用 Quartus programmer module 选择一个. sof 为扩展名的配置文件来编程。

（2）AS（Active Serial）编程：这种方法中，配置数据流装载在 Altera EPCS16 串行 EEPROM

芯片中。它存储的数据为非易失性的，因此板子断电后信息仍然存在 DE2 中。当电源打开时，在 EPCS16 中的配置将自动装载到 FPGA 中。

AS 模式中配置 EPCS16 步骤如下：

① 确认电源已经打开；

② 连接 USB 电缆到 DE2 的 USB BLASTER 端口；

③ 将 RUN/PROG 开关（在板的左侧）置于 PROG 的位置，以配置 JTAG 编程电路；

④ 用 QUARTUS programmer module 选择一个.pof 为扩展名的配置文件来编程；

⑤ 一旦编程操作结束，就将 RUN/PROG 置回 RUN 位置，然后将电源关掉再打开以复位开发板，这样 EPCS16 中的新配置数据就被装载入 FPGA 芯片了。

3. 按键和 LED

DE2 提供了 4 个按钮开关，每个开关都用了施密特触发器消除抖动。施密特触发器的四个输出 KEY0、KEY1、KEY2、KEY3 直接连接在 FPGA 上。每个开关输出一个逻辑高电平（3.3 V），当按下时输出低电平（0 V）。因为它们已经消除了抖动，所以它们适合用作电路的时钟或复位输入。DE2 上有 18 个拨动开关（滑块），这些开关没有消除抖动，它们是用于输入对电平敏感的数据信号的。每个开关直接连接 FPGA 的一个引脚。当一个开关在 DOWN 位置（靠近板子的边缘）时输出低电平，当开关在 UP 位置时输出高电平。DE2 上有 27 个用户可控的 LED，其中 18 个红色 LED、8 个绿色 LED。每个 LED 是直接被一个 FPGA 的端口驱动的，端口高电平时 LED 点亮，低电平时 LED 熄灭。连接到按钮开关、拨动开关、LED 的 FPGA 端口名称分别参见附表 4.1、附表 4.2 和附表 4.3。

附表 4.1　按钮开关引脚分配

信号名称	FPGA 引脚	描　述
KEY[0]	PIN_G26	Push Button[0]
KEY[1]	PIN_N23	Push Button[1]
KEY[2]	PIN_P23	Push Button[2]
KEY[3]	PIN_W26	Push Button[3]

附表 4.2　拨动开关引脚分配

信号名称	FPGA 引脚	描　述
SW[0]	PIN_N25	Toggle Switch [0]
SW[1]	PIN_N26	Toggle Switch [1]
SW[2]	PIN_P25	Toggle Switch [2]
SW[3]	PIN_AE14	Toggle Switch [3]
SW[4]	PIN_AF14	Toggle Switch [4]
SW[5]	PIN_AD13	Toggle Switch [5]
SW[6]	PIN_AC13	Toggle Switch [6]
SW[7]	PIN_C13	Toggle Switch [7]
SW[8]	PIN_B13	Toggle Switch [8]

信 号 名 称	FPGA 引 脚	描 述
SW[9]	PIN_A13	Toggle Switch [9]
SW[10]	PIN_N1	Toggle Switch [10]
SW[11]	PIN_P1	Toggle Switch [11]
SW[12]	PIN_P2	Toggle Switch [12]
SW[13]	PIN_T7	Toggle Switch [13]
SW[14]	PIN_U3	Toggle Switch [14]
SW[15]	PIN_U4	Toggle Switch [15]
SW[16]	PIN_V1	Toggle Switch [16]
SW[17]	PIN_V2	Toggle Switch [17]

附表 4.3 LED 的引脚分配

信 号 名 称	FPGA 引 脚	描 述
LEDR[0]	PIN_AE23	LED Red[0]
LEDR[1]	PIN_AF23	LED Red[1]
LEDR[2]	PIN_AB21	LED Red[2]
LEDR[3]	PIN_AC22	LED Red[3]
LEDR[4]	PIN_AD22	LED Red[4]
LEDR[5]	PIN_AD23	LED Red[5]
LEDR[6]	PIN_AD21	LED Red[6]
LEDR[7]	PIN_AC21	LED Red[7]
LEDR[8]	PIN_AA14	LED Red[8]
LEDR[9]	PIN_Y13	LED Red[9]
LEDR[10]	PIN_AA13	LED Red[10]
LEDR[11]	PIN_AC14	LED Red[11]
LEDR[12]	PIN_AD15	LED Red[12]
LEDR[13]	PIN_AE15	LED Red[13]
LEDR[14]	PIN_AF13	LED Red[14]
LEDR[15]	PIN_AE13	LED Red[15]
LEDR[16]	PIN_AE12	LED Red[16]
LEDR[17]	PIN_AD12	LED Red[17]
LEDG[0]	PIN_AE22	LED Green[0]
LEDG[1]	PIN_AF22	LED Green[1]
LEDG[2]	PIN_W19	LED Green[2]
LEDG[3]	PIN_V18	LED Green[3]
LEDG[4]	PIN_U18	LED Green[4]
LEDG[5]	PIN_U17	LED Green[5]
LEDG[6]	PIN_AA20	LED Green[6]
LEDG[7]	PIN_Y18	LED Green[7]
LEDG[8]	PIN_Y12	LED Green[8]

4. 七段数码管

DE2 有 8 个七段数码管，用于显示各种大小的数字。七段数码管连接到 FPGA 的引脚，提供一个低电平将点亮管子，高电平使它熄灭。每个管子的小数点都没有进行连接，因此它们是不可用的。连接到七段数码管的 FPGA 端口名参见附表 4.4。

附表 4.4　七段数码管与 FPGA 的引脚分配

信号名称	FPGA 引脚	描　　述
HEX0[0]	PIN_AF10	Seven Segment Digital 0[0]
HEX0[1]	PIN_AB12	Seven Segment Digital 0[1]
HEX0[2]	PIN_AC12	Seven Segment Digital 0[2]
HEX0[3]	PIN_AD11	Seven Segment Digital 0[3]
HEX0[4]	PIN_AE11	Seven Segment Digital 0[4]
HEX0[5]	PIN_V14	Seven Segment Digital 0[5]
HEX0[6]	PIN_V13	Seven Segment Digital 0[6]
HEX1[0]	PIN_V20	Seven Segment Digital 1[0]
HEX1[1]	PIN_V21	Seven Segment Digital 1[1]
HEX1[2]	PIN_W21	Seven Segment Digital 1[2]
HEX1[3]	PIN_Y22	Seven Segment Digital 1[3]
HEX1[4]	PIN_AA24	Seven Segment Digital 1[4]
HEX1[5]	PIN_AA23	Seven Segment Digital 1[5]
HEX1[6]	PIN_AB24	Seven Segment Digital 1[6]
HEX2[0]	PIN_AB23	Seven Segment Digital 2[0]
HEX2[1]	PIN_V22	Seven Segment Digital 2[1]
HEX2[2]	PIN_AC25	Seven Segment Digital 2[2]
HEX2[3]	PIN_AC26	Seven Segment Digital 2[3]
HEX2[4]	PIN_AB26	Seven Segment Digital 2[4]
HEX2[5]	PIN_AB25	Seven Segment Digital 2[5]
HEX2[6]	PIN_Y24	Seven Segment Digital 2[6]
HEX3[0]	PIN_Y23	Seven Segment Digital 3[0]
HEX3[1]	PIN_AA25	Seven Segment Digital 3[1]
HEX3[2]	PIN_AA26	Seven Segment Digital 3[2]
HEX3[3]	PIN_Y26	Seven Segment Digital 3[3]
HEX3[4]	PIN_Y25	Seven Segment Digital 3[4]
HEX3[5]	PIN_U22	Seven Segment Digital 3[5]
HEX3[6]	PIN_W24	Seven Segment Digital 3[6]
HEX4[0]	PIN_U9	Seven Segment Digital 4[0]
HEX4[1]	PIN_U1	Seven Segment Digital 4[1]
HEX4[2]	PIN_U2	Seven Segment Digital 4[2]

信号名称	FPGA 引脚	描 述
HEX4[3]	PIN_T4	Seven Segment Digital 4[3]
HEX4[4]	PIN_R7	Seven Segment Digital 4[4]
HEX4[5]	PIN_R6	Seven Segment Digital 4[5]
HEX4[6]	PIN_T3	Seven Segment Digital 4[6]
HEX5[0]	PIN_T2	Seven Segment Digital 5[0]
HEX5[1]	PIN_P6	Seven Segment Digital 5[1]
HEX5[2]	PIN_P7	Seven Segment Digital 5[2]
HEX5[3]	PIN_T9	Seven Segment Digital 5[3]
HEX5[4]	PIN_R5	Seven Segment Digital 5[4]
HEX5[5]	PIN_R4	Seven Segment Digital 5[5]
HEX5[6]	PIN_R3	Seven Segment Digital 5[6]
HEX6[0]	PIN_R2	Seven Segment Digital 6[0]
HEX6[1]	PIN_P4	Seven Segment Digital 6[1]
HEX6[2]	PIN_P3	Seven Segment Digital 6[2]
HEX6[3]	PIN_M2	Seven Segment Digital 6[3]
HEX6[4]	PIN_M3	Seven Segment Digital 6[4]
HEX6[5]	PIN_M5	Seven Segment Digital 6[5]
HEX6[6]	PIN_M4	Seven Segment Digital 6[6]
HEX7[0]	PIN_L3	Seven Segment Digital 7[0]
HEX7[1]	PIN_L2	Seven Segment Digital 7[1]
HEX7[2]	PIN_L9	Seven Segment Digital 7[2]
HEX7[3]	PIN_L6	Seven Segment Digital 7[3]
HEX7[4]	PIN_L7	Seven Segment Digital 7[4]
HEX7[5]	PIN_P9	Seven Segment Digital 7[5]
HEX7[6]	PIN_N9	Seven Segment Digital 7[6]

5. 时钟输入

DE2 有 2 个振荡器提供 27 MHz（连接 FPGA 的 D13 引脚）和 50 MHz（连接 FPGA 的 N2 引脚）的时钟信号。板子同样有一个 SMA 接口用于将外部时钟输入板子，这个时钟连接在 FPGA 的 P26 引脚上。引脚分配见附表 4.5。

附表 4.5　时钟的引脚分配

信号名称	FPGA 引脚	描 述
CLOCK_27	PIN_D13	27 MHz clock input
CLOCK_50	PIN_N2	50 MHz clock input
EXT_CLOCK	PIN_P26	External（SMA）clock input

6. LCD 模块

DE2 有 1 个 16×2 的 LCD 模块，模块内有字库可用于显示字符。附图 4.3 为 LCD 模块接线原理图，引脚分配见附表 4.6。

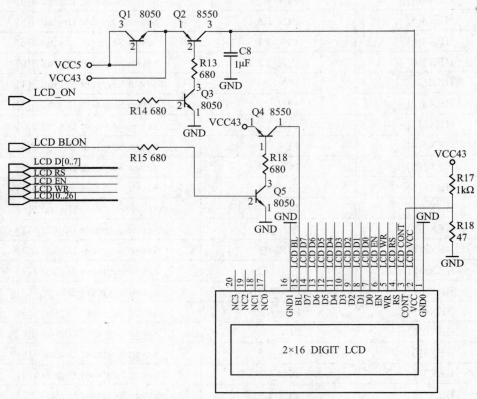

附图 4.3   LCD 模块的电路图

附表 4.6   LCD 模块与 FPGA 连接引脚分配

信号名称	FPGA 引脚	描　述
LCD_DATA[0]	PIN_J1	LCD Data[0]
LCD_DATA[1]	PIN_J2	LCD Data[1]
LCD_DATA[2]	PIN_H1	LCD Data[2]
LCD_DATA[3]	PIN_H2	LCD Data[3]
LCD_DATA[4]	PIN_J4	LCD Data[4]
LCD_DATA[5]	PIN_J3	LCD Data[5]
LCD_DATA[6]	PIN_H4	LCD Data[6]
LCD_DATA[7]	PIN_H3	LCD Data[7]
LCD_RW	PIN_K4	LCD Read/Write Select，0 = Write，1 = Read
LCD_EN	PIN_K3	LCD Enable
LCD_RS	PIN_K1	LCD Command/Data Select，0 = Command，1 = Data
LCD_ON	PIN_L4	LCD Power ON/OFF
LCD_BLON	PIN_K2	LCD Back Light ON/OFF

7. 扩展槽

DE2 提供了 2 个 40 针的扩展槽，每个槽有 36 针直接连接到 FPGA 上，另外有 DC＋5 V（VCC5），DC＋3 V（VCC3）和 2 个 GND 针脚。扩展槽的每个引脚都连接到 2 个二极管和 1 个电阻来保护电路。其引脚定义参见附表 4.7。

附表 4.7　扩展槽的引脚分配

信 号 名 称	FPGA 引 脚	描　　　述
GPIO_0[0]	PIN_D25	GPIO Connection 0[0]
GPIO_0[1]	PIN_J22	GPIO Connection 0[1]
GPIO_0[2]	PIN_E26	GPIO Connection 0[2]
GPIO_0[3]	PIN_E25	GPIO Connection 0[3]
GPIO_0[4]	PIN_F24	GPIO Connection 0[4]
GPIO_0[5]	PIN_F23	GPIO Connection 0[5]
GPIO_0[6]	PIN_J21	GPIO Connection 0[6]
GPIO_0[7]	PIN_J20	GPIO Connection 0[7]
GPIO_0[8]	PIN_F25	GPIO Connection 0[8]
GPIO_0[9]	PIN_F26	GPIO Connection 0[9]
GPIO_0[10]	PIN_N18	GPIO Connection 0[10]
GPIO_0[11]	PIN_P18	GPIO Connection 0[11]
GPIO_0[12]	PIN_G23	GPIO Connection 0[12]
GPIO_0[13]	PIN_G24	GPIO Connection 0[13]
GPIO_0[14]	PIN_K22	GPIO Connection 0[14]
GPIO_0[15]	PIN_G25	GPIO Connection 0[15]
GPIO_0[16]	PIN_H23	GPIO Connection 0[16]
GPIO_0[17]	PIN_H24	GPIO Connection 0[17]
GPIO_0[18]	PIN_J23	GPIO Connection 0[18]
GPIO_0[19]	PIN_J24	GPIO Connection 0[19]
GPIO_0[20]	PIN_H25	GPIO Connection 0[20]
GPIO_0[21]	PIN_H26	GPIO Connection 0[21]
GPIO_0[22]	PIN_H19	GPIO Connection 0[22]
GPIO_0[23]	PIN_K18	GPIO Connection 0[23]
GPIO_0[24]	PIN_K19	GPIO Connection 0[24]
GPIO_0[25]	PIN_K21	GPIO Connection 0[25]
GPIO_0[26]	PIN_K23	GPIO Connection 0[26]
GPIO_0[27]	PIN_K24	GPIO Connection 0[27]
GPIO_0[28]	PIN_L21	GPIO Connection 0[28]
GPIO_0[29]	PIN_L20	GPIO Connection 0[29]
GPIO_0[30]	PIN_J25	GPIO Connection 0[30]
GPIO_0[31]	PIN_J26	GPIO Connection 0[31]
GPIO_0[32]	PIN_L23	GPIO Connection 0[32]

信号名称	FPGA 引脚	描　述
GPIO_0[33]	PIN_L24	GPIO Connection 0[33]
GPIO_0[34]	PIN_L25	GPIO Connection 0[34]
GPIO_0[35]	PIN_L19	GPIO Connection 0[35]
GPIO_1[0]	PIN_K25	GPIO Connection 1[0]
GPIO_1[1]	PIN_K26	GPIO Connection 1[1]
GPIO_1[2]	PIN_M22	GPIO Connection 1[2]
GPIO_1[3]	PIN_M23	GPIO Connection 1[3]
GPIO_1[4]	PIN_M19	GPIO Connection 1[4]
GPIO_1[5]	PIN_M20	GPIO Connection 1[5]
GPIO_1[6]	PIN_N20	GPIO Connection 1[6]
GPIO_1[7]	PIN_M21	GPIO Connection 1[7]
GPIO_1[8]	PIN_M24	GPIO Connection 1[8]
GPIO_1[9]	PIN_M25	GPIO Connection 1[9]
GPIO_1[10]	PIN_N24	GPIO Connection 1[10]
GPIO_1[11]	PIN_P24	GPIO Connection 1[11]
GPIO_1[12]	PIN_R25	GPIO Connection 1[12]
GPIO_1[13]	PIN_R24	GPIO Connection 1[13]
GPIO_1[14]	PIN_R20	GPIO Connection 1[14]
GPIO_1[15]	PIN_T22	GPIO Connection 1[15]
GPIO_1[16]	PIN_T23	GPIO Connection 1[16]
GPIO_1[17]	PIN_T24	GPIO Connection 1[17]
GPIO_1[18]	PIN_T25	GPIO Connection 1[18]
GPIO_1[19]	PIN_T18	GPIO Connection 1[19]
GPIO_1[20]	PIN_T21	GPIO Connection 1[20]
GPIO_1[21]	PIN_T20	GPIO Connection 1[21]
GPIO_1[22]	PIN_U26	GPIO Connection 1[22]
GPIO_1[23]	PIN_U25	GPIO Connection 1[23]
GPIO_1[24]	PIN_U23	GPIO Connection 1[24]
GPIO_1[25]	PIN_U24	GPIO Connection 1[25]
GPIO_1[26]	PIN_R19	GPIO Connection 1[26]
GPIO_1[27]	PIN_T19	GPIO Connection 1[27]
GPIO_1[28]	PIN_U20	GPIO Connection 1[28]
GPIO_1[29]	PIN_U21	GPIO Connection 1[29]
GPIO_1[30]	PIN_V26	GPIO Connection 1[30]
GPIO_1[31]	PIN_V25	GPIO Connection 1[31]
GPIO_1[32]	PIN_V24	GPIO Connection 1[32]
GPIO_1[33]	PIN_V23	GPIO Connection 1[33]
GPIO_1[34]	PIN_W25	GPIO Connection 1[34]
GPIO_1[35]	PIN_W23	GPIO Connection 1[35]

8. VGA

DE2 开发板集成了一个支持 VGA 输出的 16 针脚 D-SUB 连接器。Cyclone Ⅱ FPGA 提供给 VGA 同步信号，同时，三通道 10 位高速视频 DAC 芯片 ADVT123 被用作模拟数据信号（红，绿和蓝）发生器。这些电路组合能最高支持 1 600×1 200 的分辨率（100 MHz）。

9. 24 位音频编码/解码芯片

DE2 开发板通过集成的 Wolfson WM8731 视频编码/解码芯片，提供对 24 位高保真音频的支持。此芯片提供麦克风声音输入、线路输入及输出端口，它的声音文件的频率采样范围为 8 kHz～96 kHz。可通过连接到 Cyclone Ⅱ FPGA 引脚的 I^2C 总线串行接口，实现对 WM8731 芯片的控制。附表 4.8 列出了相关 FPGA 的引脚功能。

附表 4.8   音频编解码芯片针脚功能表

信号名称	FPGA 引脚	描　　述
AUD_ADCLRCK	PIN_C5	Audio CODEC ADC LR Clock
AUD_ADCDAT	PIN_B5	Audio CODEC ADC Data
AUD_DACLRCK	PIN_C6	Audio CODEC DAC LR Clock
AUD_DACDAT	PIN_A4	Audio CODEC DAC Data
AUD_XCK	PIN_A5	Audio CODEC Chip Clock
AUD_BCLK	PIN_B4	Audio CODEC Bit-Stream Clock
I2C_SCLK	PIN_A6	I2C Data
I2C_SDAT	PIN_B6	I2C Clock

10. RS_232 串口

DE2 开发板集成了 MAX232 收发芯片和 1 个 9 针 D-SUB 连接器用于 RS_232 通信，其原理图如附图 4.4 所示。连接 RS232 的 FPGA 端口名参见附表 4.9。

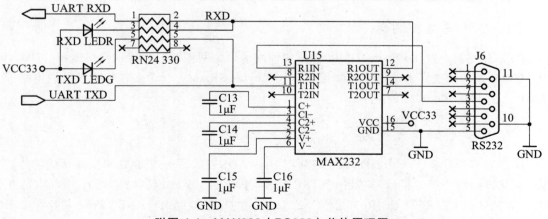

附图 4.4　MAX232（RS232）芯片原理图

信号名称	FPGA 引脚	描　述
UART_RXD	PIN_C25	UART Receiver
UART_TXD	PIN_B25	UART Transmitter

10. PS/2 鼠标键盘连接器

DE2 开发板集成了一个标准的 PS/2 接口和一个连接器，适用于 PS/2 键盘和鼠标，其原理图示于附图 4.5。连接 PS/2 的 FPGA 端口名见附表 4.10。

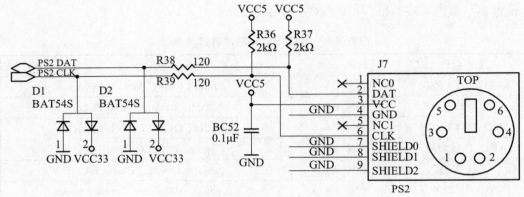

附图 4.5　PS/2 原理图

附表 4.10　PS/2 引脚功能

信号名称	FPGA 引脚	描述
PS2_CLK	PIN_D26	PS2 Clock
PS2_DAT	PIN_C24	PS2 Data

11. 以太网络控制器

DE2 开发板通过 Davicom DM9000A 快速网速以太网控制芯片提供网络支持。Davicom DM9000A 芯片集成了一个通用处理接口、16 Kbytes SRAM、一个多媒体接入控制电路单元（MAC）和一个 10/100M 的网卡。

12. 视频解码单元电路

DE2 开发板配备了一个 ADV7181 解码芯片。ADV7181 是一个完整的视频解码芯片，它能自动接收标准模拟电视信号基带（NTSC 制式、PAL 制式和 SECAM 制式），并将其转化成符合 16 位/8 位 CCIR601/CCIR656 的 4：2：2 形式的视频数据组合。ADV7181 芯片和众多的视频输入/输出设备兼容，包括 DVD 播放器、磁带扩音器、广播扩音器和安全监控摄影机。集成于 TV 解码芯片内的各种寄存器能够用一个和 Cyclone Ⅱ FPGA 相连的串口 I²C 总线编程。

13. 视频编码器

虽然 DE2 板不包含电视编码器芯片，但是 ADV7123（10 位高速 3 通道模数转换器）能通过 Cyclone II FPGA 中的已实现的数字处理部分来实现专业品质的电视编码器。

14. USB 主设备的使用

DE2 板同时提供 USB 主机和设备接口，使用 Philips ISP1362 单芯片 USB 控制器。主机及设备控制器符合 USB 标准 Rev.2.0，支持全速（12 Mbit/s）和低速（1.5 Mbit/s）数据交换。

15. IrDA 收发器

DE2 集成了 1 个 Agilent HSDL-3201 红外线收发器，其最高传输速度是 115.2 Kbit/s，发送方和接收方传输速度必须相同。附图 4.6 显示了 IrDA 通信连接的示意图，相关接口的插针安排见附表 4.11。

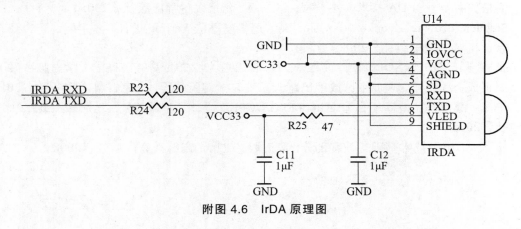

附图 4.6　IrDA 原理图

附表 4.11　IrDA 插针排列

信号名称	FPGA 引脚	描　述
IRDA_TXD	PIN_AE24	IRDA Transmitter
IRDA_RXD	PIN_AE25	IRDA Receiver

16. SDRAM/SRAM/Flash 及 SD 卡接口

DE2 板提供 1 片 8 MB SDRAM，1 片 512 KB SRAM 及 1 片 4 MB Flash 存储器。另外，通过 SD 卡接口可以使用 SPI 的 SD 卡作为存储介质。

参考文献

[1] 杨小雪，白天蕊，王丹编. 电子技术实验教程. 成都：成都科技大学出版社，1996.

[2] 陈大钦. 电子技术基础实验. 北京：高等教育出版社，1994.

[3] 王金明，杨吉斌. 数字系统设计与 Verilog HDL. 北京：电子工业出版社，2002.

[4] 杨春玲，朱敏. EDA 技术与实验. 哈尔滨：哈尔滨工业大学出版社，2009.

[5] 江国强. EDA 技术与应用. 第 2 版. 北京：电子工业出版社，2007.

[6] 罗杰. Verilog HDL 与数字 ASIC 设计基础. 合肥：中国科技大学出版社，2008.

[7] 潘松，黄继业. EDA 技术实用教程. 第二版. 北京：科学出版社，2005.

[8] Stephen Brown、Zvonko Vranesic. 数字逻辑基础与 Verilog 设计. 夏宇闻，等，译. 北京：机械工业出版社，2008.

[9] 张志刚. FPGA 与 SOPC 设计教程——DE2 实践. 西安：西安电子科技大学出版社，2007.

[10] 周祖成，程晓军，马卓钊. 数字电路与系统教学实验教程. 北京：科学出版社，2010.

[11] 王诚，吴继华，范丽珍，等. Altera FPGA/CPLD 设计（基础篇）. 北京：人民邮电出版社，2005.

[12] 康华光. 电子技术基础 数字部分. 第五版. 北京：高等教育出版社，2008.